A la memoria de **A.I. Oparin**

Revisión de contenido: **Alfredo Barrera Vázquez - Marín**
Coordinación académica y
revisión metodológica y técnica: **Jorge González González**
Raúl Gutiérrez Lombardo
Michele Gold Morgan
Eberto Novelo Maldonado
Facultad de Ciencias
Universidad Nacional
Autónoma de México.

EL UNIVERSO DE LA BIOLOGÍA

EL ORIGEN DE LA VIDA

EVOLUCIÓN QUÍMICA Y EVOLUCIÓN BIOLÓGICA

Antonio Lazcano - Araujo

EDITORIAL TRILLAS

México, Argentina, España, Colombia, Puerto Rico, Venezuela ®

Catalogación en la fuente

Lazcano-Araujo, Antonio
El origen de la vida : evolución química y evolución biológica. -- 3a ed. -- México : Trillas, 1989 (reimp. 2010).
107 p. : il. ; 23 cm. -- (El universo de la biología)
Bibliografía: p. 105-107
ISBN 978-968-24-3371-9

1. Vida - Origen. 2. Vida (Biología). I. t. II. Ser.

D- 577'L145o LC- QH325'L3.5 1223

División Administrativa
Av. Río Churubusco 385
Col. Gral. Pedro María Anaya,
C. P. 03340, México, D. F.
Tel. 56884233
FAX 56041364

División Comercial
Calzada de la Viga 1132
C. P. 09439, México, D. F.
Tel. 56330995, FAX 56330870

www.trillas.com.mx

Tienda en línea
www.etrillas.com.mx

Miembro de la Cámara Nacional de la Industria Editorial
Reg. núm. 158

Primera edición EE
Segunda edición XI (ISBN 968-24-1313-3)
(Primera publicada por Editorial Trillas, S. A. de C. V.)
(1-10-XL, XA, XM, XX)
Tercera edición XO (ISBN 978-968-24-3371-9)
(OT, OR, OL, OA, OM, OE, OX, OO, SS, ST, SR, SI, SL, 2-8-SM, 1-7-SE, SX)

Reimpresión, 2010

Impreso en México
Printed in Mexico

Presentación

La serie *El universo de la biología*,* de la cual forma parte este libro, es un sistema integral para la enseñanza de la biología, que está dirigido fundamentalmente a profesores y estudiantes de nivel medio superior. Este sistema, gracias a la organización de la información que presenta, brinda la posibilidad de desarrollar adecuadamente las actividades relacionadas con la enseñanza de esta ciencia; esto es, permite conocer y manejar en el trabajo cotidiano: los principios generales del objeto de estudio de la biología, el marco histórico del desarrollo de sus principales conceptos, así como los conocimientos y procedimientos que determinan su práctica.

La serie *El universo de la biología* está constituida por un conjunto de unidades programáticas o módulos, estructurados de acuerdo con los diversos temas en que puede dividirse la biología. Para la elaboración de dichos módulos se han tomado en cuenta cuatro criterios que, a nuestro juicio, constituyen las áreas de conocimientos de esta ciencia: el *histórico,* el *conceptual,* el *contextual* y el *metodológico.*

1. **El criterio histórico** enmarca y explica, con una perspectiva global, el origen y desarrollo de las concepciones biológicas, a partir de los fundamentos teóricos integradores de los conocimientos, de la historia de los conceptos y de las prácticas más importantes de la biología (área *histórica*).
2. **El criterio conceptual** desarrolla los diferentes campos o disciplinas en que se ha subdividido el trabajo biológico, y describe los principales conceptos que actualmente se uti-

* *El universo de la biología* ha sido elaborado dentro de los programas de investigación del Laboratorio de Investigación y Planeación para la Enseñanza de la Biología de la Facultad de Ciencias de la Universidad Nacional Autónoma de México.

lizan en el estudio de los seres vivos: desde la función y la forma, hasta las complejas relaciones filogenéticas o de comunidades (área *conceptual*).

3. **El criterio contextual** en que se desenvuelve la biología. Aquí los problemas de estudio y las posibles vías de solución surgen de los principales ecosistemas naturales, de los recursos biológicos, que son susceptibles de estudio y aprovechamiento, así como del estado actual de las distintas ramas o especialidades de la biología en nuestro medio (área *contextual*).
4. **El criterio metodológico** analiza la enseñanza de la biología en los niveles de planeación, elaboración de programas, etc., con la proposición de algunas líneas de trabajo educativo (investigación) en este campo, y presenta los diferentes enfoques de trabajo en biología y su relación con otras ciencias; finalmente, también en este aspecto se incluyen algunos elementos que sirven como herramientas prácticas y metodológicas en la enseñanza de la biología (área *metodológica*).

A su vez, las áreas están subdivididas en tres series que constituyen, de acuerdo con ciertos criterios de sectorización, los bloques de información en que se puede integrar la temática de cada área de conocimientos.

Las unidades programáticas conforman a las series, las series a las áreas y estas últimas al universo integral del conocimiento biológico.

Con la serie *El universo de la biología* se pretende establecer las bases para dar un nuevo enfoque a la enseñanza de esta materia. Se sustenta en un conjunto de postulados que establecen un marco epistemológico de la biología y una metodología de trabajo perfectamente definidas, producto de la historia práctica de las ciencias. Estos postulados son:

1. La existencia de principios integradores generales, con cierta soberanía sobre las disciplinas biológicas y sus conceptos, los cuales confieren a la biología su estatus de ciencia.
2. La actividad científica cotidiana como principal determinante de la independencia de la biología respecto de otras ciencias, en lo que se refiere a:

    a) La particular historia de cada concepto biológico, que les imprime una autonomía relativa.
    b) El conocimiento biológico como función de las relaciones que pueden establecerse entre varios conceptos, con lo cual se niega la complejidad inherente a los conceptos mismos.

3. Por una parte, el impacto y la incidencia que tiene el conocimiento y la utilización de los seres vivos y sus interrelaciones; por otra, los procedimientos y prácticas de los biólogos en las actuales y futuras transformaciones sociales.

Este enfoque parte del reconocimiento de la gran diversidad de necesidades educativas que existen, dadas las diferentes regiones, instituciones e intereses en que se desarrolla el proceso de enseñanza de la biología. Con este enfoque pretendemos utilizar, en el contexto de la problemática biológica, todas las posibilidades de enseñanza que pueda haber en una situación educativa. Este enfoque procura ser un recurso del profesor y del estudiante para cumplir adecuadamente con los programas de estudio establecidos por el sistema educativo; o bien, puede proporcionar elementos para la elaboración de sus propios programas de estudio.

Se trata, pues, de un sistema de enseñanza perfectamente adaptable para buscar solución a la problemática educativa, a las diversas necesidades de enseñanza y a todas las posibilidades de trabajo, sin importar las condiciones o el contexto en que éstas se presenten. Por ello, este sistema permite múltiples aplicaciones.

Si bien es cierto que esta serie está fundamentalmente dirigida a profesores y estudiantes del nivel medio superior, para que desarrollen ampliamente las actividades de enseñanza y aprendizaje de la biología, también puede ser utilizado como material introductorio en estudios superiores como guía de trabajo, pues sugiere ideas y posibles líneas de investigación para elaborar problemas teóricos y prácticos.

En resumen, el objetivo de la serie es proporcionar al estudioso y al profesor los conocimientos objetivo de la biología y del contexto en el que ellos mismos se desenvuelven.

JORGE GONZÁLEZ GONZÁLEZ
RAÚL GUTIÉRREZ LOMBARDO
MICHELE GOLD MORGAN
EBERTO NOVELO MALDONADO

Prólogo

La presente unidad, con todo y las limitaciones que presenta, entre otras el haber sido escrita en 1976, está destinada a servir fundamentalmente a estudiantes de bachillerato y de los primeros semestres de licenciatura. Si bien es cierto que el problema del origen de la vida es una cuestión de importancia primordial para los interesados en las ciencias quimicobiológicas, preocupa en realidad a personas con muy diferentes intereses. En tanto que esta obra no es sino una breve introducción a un tema de investigación interdisciplinaria que se desarrolla vigorosamente en la actualidad, puede servir a muchos que, interesados en el problema del origen de los seres vivos, carezcan de una formación en química o biología.

Aún subsisten grandes lagunas en nuestro conocimiento acerca de los procesos que dieron origen a los seres vivos en la Tierra. Pero es fácil suponer que, a medida que sigamos acumulando e interpretando las evidencias teóricas y experimentales, seremos capaces de comprender y aun de reproducir las condiciones esenciales que determinaron el curso de la evolución de la materia. Sabemos que para su origen, desarrollo y evolución, los seres vivos dependen de la materia y la energía de las estrellas, y que el constante fluir de la vida no es sino parte de la evolución del universo mismo.

El presente módulo pretende ser una introducción a los procesos fundamentales que caracterizaron la evolución de la materia, desde el origen de los elementos químicos que constituyen a los seres vivos, hasta la aparición de las células eucariontes. A ello se agrega una discusión sobre la existencia de vida en otras partes del universo, cuestión de gran actualidad e importancia en el estudio del origen de la vida terrestre. Naturalmente que intentar cubrir con detalle estos diferentes temas es difícil en un texto de la extensión de éste, de manera que toda persona interesada en profundizar en alguno de ellos puede recurrir a la bibliografía que se presenta al final.

Durante mucho tiempo, el texto más utilizado, en el nivel de bachillerato, para abordar el problema del origen de la vida ha sido precisamente la obra de Alexander I. Oparin, *El origen de la vida*, del cual existen diferentes ediciones en español; por ello, es un compromiso escribir otro libro con el mismo título. La presente obra no pretende, en realidad, sino complementar y ampliar algunas de las ideas contenidas en el texto de Oparin, cuya lectura es obligada para cualquier persona interesada en estudiar el origen de los seres vivos.

Consideraciones iniciales

Existen muchas preguntas en torno al origen de los primeros organismos que aún carecen de respuesta y para las cuales a lo sumo se puede ofrecer una gama de posibles soluciones. Espero que el no poder dar respuesta concreta a preguntas tales como la del origen del código genético o la de las membranas biológicas, pueda estimular la discusión y la búsqueda de alternativas en textos más avanzados. En particular, esta obra pretende responder las siguientes preguntas:

- ¿Existe la generación espontánea?
- ¿Cuál es el origen de los seres vivos?
- ¿Cuál es el origen de los compuestos que forman a los seres vivos?
- ¿Se originó la vida por el azar en nuestro planeta?
- ¿Qué características poseen los fósiles más antiguos?
- ¿Es posible reproducir en el laboratorio los pasos que precedieron a la aparición de la vida en la Tierra?
- ¿Cómo eran los primeros seres vivos?
- ¿Qué relación tuvo la evolución del planeta con la aparición y desarrollo de las primeras formas de vida?
- ¿Hay otras formas de vida inteligente en la galaxia?

Responder a estas preguntas y muchas otras que el lector se puede formular no es tarea fácil, y se complica más aún por las dimensiones reducidas de este volumen. En todo caso, es de esperar que la lectura de esta obra sirva como estímulo para introducirse en el estudio de un campo fascinante de la investigación científica.

Índice de contenido

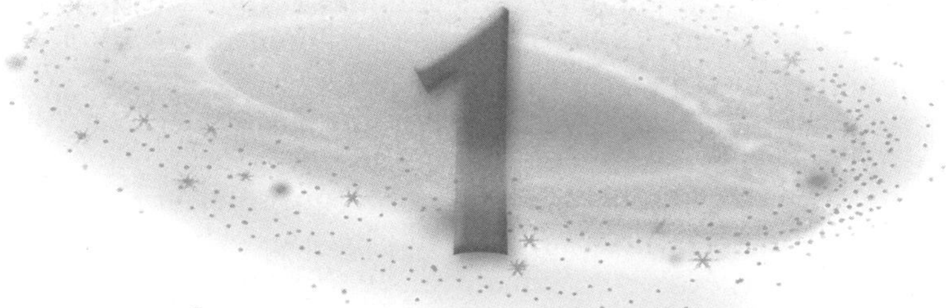

El panorama histórico

1.1 LOS PRIMEROS ANTECEDENTES

La preocupación por conocer el origen de los seres vivos que nos rodean es, sin duda, tan antigua como el momento mismo en que las primeras sociedades humanas iniciaron el proceso de racionalización de sus relaciones de dependencia con la naturaleza y las empezaron a transformar en relaciones de dominio.

Para los primeros recolectores de frutos, para los cazadores y los agricultores primitivos, era una experiencia común observar cómo los animales podían engendrar descendencia semejante a los progenitores, o cómo de las semillas surgían nuevas plantas; pero también observaron que la vida parecía surgir constantemente, en forma repentina, a orillas de ríos y lagos, en los restos de plantas y animales, en los graneros u otros lugares donde almacenaban sus alimentos y aun en las heridas de los mismos hombres.

De estas observaciones surgió la idea de la *generación espontánea*, que habría de resultar una explicación útil, no sólo para comprender un fenómeno que era observado cotidianamente, sino que incorporado a los sistemas religiosos, se convirtió en el instrumento de creación de la vida en la Tierra que utilizó la multitud de dioses de las mitologías de todos los tiempos.

Estas ideas creacionistas, impregnadas de un fuerte carácter idealista, fueron enriquecidas por las culturas mesopotámica y egipcia, y transmitidas a los filósofos jónicos que habitaban en las ciudades griegas del Asia Menor. En estos sitios, que constituían importantes centros comerciales y de intercambio cultural, los pensadores de las diferentes escuelas se dieron a la tarea de sistematizar y racionalizar la gran herencia cultural que habían recibido, y aportar a ella elementos nuevos que finalmente le darían un carácter único.

Las teorías de la generación espontánea fueron desarrolladas por los griegos, pero aquéllos que fundaron o pertenecían a las corrientes materialistas del pensamiento suprimieron de ellas los elementos místicos, o intentaron reducirlos a su mínima expresión. Para Tales de Mileto, Anaximandro, Jenófanes y Demócrito, la vida podía surgir del lodo, de la combinación del agua con el fuego, del mar, o de cualquier otra combinación de los elementos; pero en todo este proceso los dioses no intervenían, ya que habían sido suprimidos o relegados a planos de menor importancia. Los filósofos materialistas aceptaron la idea de la generación espontánea; la plantearon como el resultado de la interacción de la materia no viva con fuerzas naturales como el calor del Sol, y la utilizaron para explicar así el origen de todos los seres vivos.

Este punto de vista habría de encontrarse con la oposición obstinada de los idealistas y en particular de Platón, quien, dos siglos más tarde, predicaría en Atenas un sistema filosófico de carácter idealista con el que pretendería encadenar al hombre y a la naturaleza misma a un mundo supernatural regido por los dioses. Aunque es cierto que Platón no se preocupó demasiado por las ciencias naturales, en cambio su discípulo más destacado, Aristóteles de Estagira, habría de convertirse en una influencia importante en el desarrollo posterior de la ciencia.

Es difícil apreciar en toda su magnitud el valor de la obra de Aristóteles en las ciencias, y en particular en la biología; algunas de sus observaciones no sólo subsistieron durante toda la antigüedad, sino que siguen siendo válidas hasta nuestros días. Pero sus ideas sobre el origen de la vida fueron menos acertadas y reflejan claramente el carácter idealista de su filosofía. Postuló, al igual que los que le habían precedido, un origen espontáneo para gusanos, insectos, peces, cangrejos y salamandras, a partir del rocío, del sudor, del agua de mar y de los suelos húmedos y aun sugirió que el hombre podría haber surgido de esta manera. Según Aristóteles, este proceso era el resultado de la interacción de la materia inerte con lo que él llamó *entelequia*, y que no era sino una fuerza supernatural capaz de dar vida a lo que no la tenía.

Es cierto que surgieron luego otras concepciones materialistas que se oponían a estos esquemas idealistas. Para la escuela de Epicuro, cuyas ideas aún podemos estudiar en la épica de la naturaleza que escribió más tarde el romano Tito Lucrecio Caro, la vida había surgido de la Tierra, gracias a la lluvia y al calor del Sol, sin la intervención de dioses y sus soplos divinos.

Sin embargo, los puntos de vista aristotélicos se afianzaron y permanecieron casi indiscutibles durante cerca de dos mil años; el establecimiento de la Iglesia cristiana en el Imperio Romano y las hábiles piruetas filosóficas de los Concilios y los neoplatónicos, incorporaron las ideas creacionistas de Platón y Aristóteles a los dogmas teológicos, transformando y reagrupando algunos conceptos, como el de la *entelequia*, que pronto pasó a ser equivalente al del alma.

Naturalmente, la Iglesia aceptó de buen grado la idea de la generación espontánea, ligándola a la mitología bíblica, y las obras e ideas de los materialistas fueron olvidadas o perseguidas. Se formalizó así el concepto del *vitalismo* según el cual, para que la vida surgiera, era necesaria la presencia de una fuerza vital, o de un soplo divino, o de un espíritu capaz de animar la materia inerte.

El vitalismo se afianzó durante la decadencia económica del esclavismo y el surgimiento del feudalismo, y encontró rápido acomodo en el nuevo concepto del universo, en un esquema en que todo era inmutable y eterno, regido por un Dios caprichoso y exigente cuya naturaleza y acciones eran incomprensibles para los hombres y, por tanto, no se podían discutir o estudiar. Las limitaciones que la teología cristiana impuso al desarrollo de la ciencia no eran sino un instrumento más del control ideológico del feudalismo; detrás de las concepciones vitalistas de San Agustín, apoyadas por completo en la Biblia, y que reafirman una vez más la teoría de la generación espontánea en su carácter más reaccionario, es fácil advertir la fuerza de una Iglesia fincada en el feudalismo.

1.2 REDI Y SPALLANZANI CONTRA LOS VITALISTAS

En 1667, un médico holandés, Johann B. van Helmont, dio una receta que permitiría la generación espontánea de roedores. En su libro *Ortus Medicinae* dice:

> ...Las criaturas tales como los piojos, garrapatas, pulgas y gusanos son nuestros miserables huéspedes y vecinos, pero nacen de nuestras entrañas y excrementos. Porque si colocamos ropa interior llena de sudor con trigo en un recipiente de boca ancha, al cabo de veintiún días el olor cambia y el fermento, surgiendo de la ropa interior y penetrando a través de las cáscaras de trigo, cambia al trigo en ratones. Pero lo que es más notable aún es que se forman ratones de ambos sexos, y que éstos se pueden cruzar con ratones que hayan nacido de manera normal...Pero lo que es verdaderamente increíble es que los ratones que han surgido del trigo y la ropa íntima sudada no son pequeñitos, ni deformes ni defectuosos, sino que son adultos perfectos!...

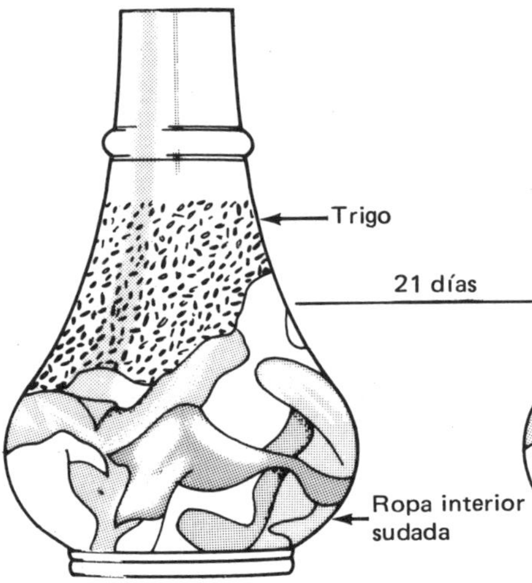

Fig. 1.1. Experimento de van Helmont.

Sin embargo, la actitud de los hombres había sufrido cambios sustanciales con la desaparición del feudalismo. Incrédulos, los científicos reavivan su capacidad crítica; se empiezan a librar de la pesada carga que constituía la herencia de Aristóteles y comienzan a someter a la experimentación todas las ideas y teorías. Imbuido plenamente de este espíritu, Francesco Redi, un médico toscano, asesta en 1668 los primeros golpes experimentales a la teoría de la generación espontánea. Preocupado por el origen de los gusanos que infestaban la carne, logró demostrar que éstos no eran sino larvas que provenían de los huevecillos depositados por las moscas en la misma carne. Sus experimentos, vistos ahora, nos parecen sencillos: simplemente colocó trozos de carne en recipientes tapados con muselina. No solamente no se agusanó la carne, sino que al examinar la tela pudo observar en ella los huevecillos que no habían podido atravesarla.

Era tarea fácil concluir que los gusanos no aparecían espontáneamente en la carne. Pero Redi nunca generalizó sus conclusiones, y no objetó en su totalidad la teoría de la generación espontánea, ya que la siguió aceptando como la explicación del origen de otros insectos y de los gusanos intestinales.

A finales del siglo XVII, Anton van Leewenhoek logró perfeccionar el microscopio óptico y empezó a descubrir un mundo, hasta entonces, completamente ignorado. Y aunque el propio van Leewenhoek insistió en que los microorganismos que observaba habían llegado a sus cultivos a través del aire, la facilidad con que

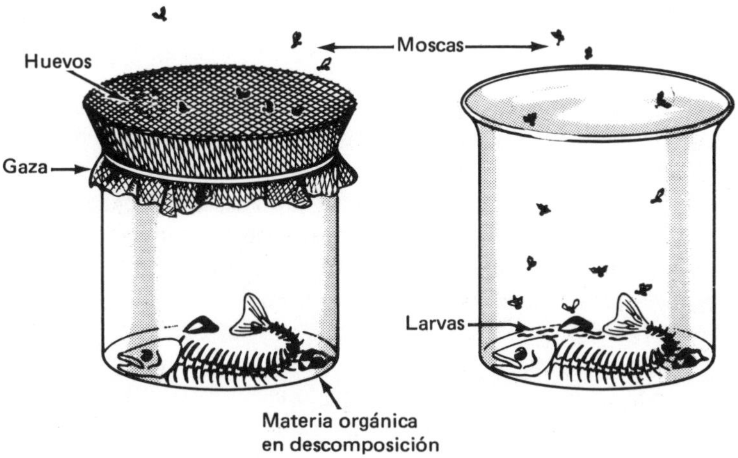

Fig. 1.2. Experimento de Redi.

surgían en las infusiones, dio nuevos ánimos a los propugnadores de la generación espontánea. El siguiente siglo se habría de caracterizar por falsas demostraciones de la generación espontánea, que no eran naturalmente sino el resultado de esterilizaciones deficientes, y por la búsqueda de las "fuerzas vitales" que supuestamente impregnaban todos los ambientes.

En Inglaterra, Needham intentó demostrar la existencia de una fuerza vital mediante cientos de experimentos, en los cuales llenaba botellas con caldos nutritivos, los hervía durante dos minutos aproximadamente, y luego las sellaba. Inevitablemente, y a pesar de todas sus precauciones, los caldos se infestaban de microorganismos. Needham concluyó que la generación espontánea de microorganismos era el resultado obligado de la materia orgánica en descomposición, al ser animada por una fuerza vital.

Pero, en Italia, Lazzaro Spallanzani no aceptó las conclusiones de Needham. Convencido de que los resultados que éste había obtenido eran provocados por una esterilización insuficiente, repitió los experimentos hirviendo sus medios de cultivo durante lapsos mayores, y en ningún caso aparecieron microbios en ellos. Los vitalistas, naturalmente, rechazaron sus experimentos: argumentaron que el hervor excesivo había dañado el aire y el caldo de las botellas, impidiéndose así la aparición de nuevos seres vivos. En realidad, no es fácil obtener caldos estériles que sigan en contacto con el oxígeno atmosférico, que ya para entonces era considerado como un elemento fundamental en la descomposición de la materia orgánica, sin la subsecuente aparición de múltiples microorganismos. Esta situación, poco comprendida entonces, parecía desacreditar los resultados de Spallanzani y otros experimentadores posteriores.

A mediados del siglo XIX la controversia en torno a la generación espontánea se mantenía, aunque un poco menos exacerbada, pero se reanimó al publicar F. Pouchet el resultado de cientos y cientos de experimentos que había realizado, y cuyas conclusiones apoyaban por completo la idea de una generación espontánea precedida, según él, de la interacción de una fuerza vital con un proceso de fermentación o de descomposición de la materia orgánica.

Naturalmente la obra de Pouchet caldeó nuevamente los ánimos, y se reavivaron a tal grado, que los científicos se dividieron en dos bandos: los que apoyaban la existencia de una fuerza vital y los que la negaban. Finalmente, la Academia de Ciencias de Francia decidió tomar cartas en el asunto, ofreciendo un premio en efectivo a quien lograse aportar elementos de juicio que apoyaran, de una vez por todas, o rechazaran por completo la idea de la generación espontánea. El que vino a cobrar el premio fue Louis Pasteur, quien lo recibió en 1862 por una serie de experimentos que lograron el descrédito final del vitalismo.

1.3 PASTEUR Y LA GENERACIÓN ESPONTÁNEA

En realidad, Pasteur había trabajado desde antes de 1862 en los problemas de la acidificación de la leche, de la fermentación del jugo de uva y de la transformación del vino en vinagre. Esta experiencia le permitió diseñar una serie de experimentos sencillos y elegantes que acabaron por negar por completo la idea de la generación espontánea.

Lo primero que hizo Pasteur fue demostrar que en el aire había una gran cantidad de microorganismos. Para ello, filtró aire a través de algodón, que luego disolvió, y pudo así observar en el residuo sólido que obtenía una gran cantidad de microorganismos. Demostró también que cuando el aire se calentaba suficientemente y se hacía pasar luego a través de una solución nutritiva esterilizada, no se desarrollaban, en esta última, microorganismos.

Diseñó entonces sus famosos matraces de cuello de cisne, en los que colocó soluciones nutritivas que hirvió hasta esterilizarlas. Al enfriarse las soluciones, el aire volvía a entrar al matraz, pero los microorganismos o esporas quedaban atrapados en el cuello del matraz sin entrar en contacto con el caldo nutritivo, que permanecía inalterado. Cuando este cuello se rompía, el líquido rápidamente se descomponía, mostrando así que el hervor no lo había dañado. Y como el aire había estado siempre en contacto con la solución, los vitalistas no podían alegar que éste también se hubiese estropeado.

En el discurso en que anunció sus resultados, presentado ante la Academia, Pasteur diría:

> ... y, por lo tanto, caballeros, yo podría señalar este líquido y decirles que he tomado mi gota de agua de la inmensidad de la Creación, y que la he tomado plena de los elementos apropiados para el desarrollo de organismos microscópicos. ¡Y espero, observo, pregunto! rogándole que recomience para mí el hermoso espectáculo de la creación primera. Pero es mudo, mudo desde estos experimentos que fueron iniciados hace varios años; es mudo porque lo he mantenido aislado de la única cosa que el hombre no sabe producir: de los gérmenes que flotan en el aire, de la Vida, porque la Vida es un germen, y un germen es la Vida. La doctrina de la generación espontánea no se recuperará jamás del golpe mortal que le asestó este simple experimento...

Lo que Pasteur no dijo en público, fue su convicción de que en la historia de la Tierra la generación espontánea tuvo que haber ocurrido al menos una vez, porque, de otra forma, ¿cómo explicar el origen de los seres vivos?

Ciertamente los experimentos de Pasteur representaron un triunfo de la ciencia contra el oscurantismo y el misticismo de los vitalistas; pero también vinieron a colocar en aprietos a los científicos que se quedaban por el momento sin la única teoría que explicaba el origen de la vida en la Tierra. Los experimentos de Pasteur eran,

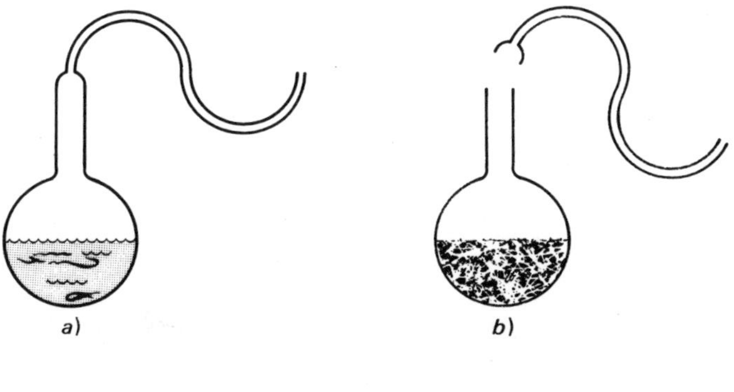

Fig. 1.3. Los matraces de cuello de cisne del experimento de Pasteur; en *a*) la solución nutriente permanece estéril mientras que en *b*) se ha contaminado por microorganismos.

en este sentido, concluyentes e irrefutables. Y aun cuando ayudaron al planteamiento moderno del problema del origen de los seres vivos, en esos momentos provocaron que muchos dejaran de considerar a esta cuestión como una pregunta con validez científica, y prefirieron, a falta de una respuesta, hacerla a un lado. En realidad, Darwin y Engels, cada uno en forma independiente, habían ofrecido ya una alternativa que permanecería, sin embargo, ignorada por mucho tiempo.

2

La alternativa materialista

2.1 MECANICISMO Y PANSPERMIA

La atención que atrajeron sobre sí los resultados de los experimentos de Pasteur, habría de provocar el abandono parcial del estudio del origen de la vida. Convencidos de que únicamente los seres vivos eran capaces de sintetizar sustancias orgánicas, y de que la generación espontánea era imposible, los hombres de ciencia se vieron en un aparente callejón sin salida, y fueron muchos los que optaron por ignorar el problema, seguros de que no tenía solución.

Pero no todos compartían este desdén por una cuestión tan fundamental. Algunos, como los científicos que pertenecían a las escuelas mecanicistas, trataron de resolverlo, aunque infructuosamente, al proponer que en el pasado había surgido, gracias a un feliz accidente, una "molécula viviente". Tal "molécula viviente", postulaban, fue capaz de reproducirse y convertirse así en el ascendiente común de todos los seres vivos. Pero una hipótesis que depende tanto del azar no es comprobable experimentalmente, y se enfrentó sin éxito a las conclusiones de los experimentos de Redi, de Spallanzani y de Pasteur.

Otra posible solución fue sugerida por Arrhenius en 1908, quien propuso lo que él llamó la teoría de la *panspermia*. De acuerdo con ésta, la vida habría surgido en la Tierra desarrollándose a partir de una espora o una bacteria que llegó del espacio exterior, y que a su vez se habría desprendido de un planeta en el que hubiese vida. A la teoría de la panspermia, sin embargo, era fácil oponer dos argumentos: por una parte, las condiciones del medio interestelar son poco favorables para la supervivencia de cualquier forma de vida, incluyendo las esporas y, por otro lado, Arrhenius no solucionaba el problema del origen de la vida ya que no explicaba cómo se podría haber originado en ese otro planeta hipotético del cual se habría desprendido la espora o la bacteria.

Hubo, incluso, quienes llegaron a sugerir que para resolver el problema del origen de la vida bastaba con suponer que la vida siempre había existido, que era eterna. Naturalmente esta idea recibió fuertes críticas y fue rechazada por sus tintes casi matafísicos.

2.2 DARWIN, ENGELS Y EL EVOLUCIONISMO

A partir de la segunda mitad del siglo XIX, el pensamiento científico había sufrido una transformación revolucionaria con la aparición de la obra de *Charles Darwin, El origen de las especies*. Si bien es cierto que muchos autores anteriores a Darwin se habían preocupado por el problema de la evolución de las especies, él fue el primero en proponer que las especies no son invariables, sino que, basado en su teoría de la selección natural, postulaba que cambiaban constantemente.

Darwin no habla en su obra, explícitamente, del problema del origen de los seres vivos, pero ciertamente daba un marco de referencia estrictamente materialista para estudiarlo, restando con ello toda validez al pensamiento vitalista. Más aún, Darwin, con su prudencia característica, que le llevó a no abordar públicamente el asunto, en privado escribió a un amigo diciendo que:

> ... si pudiéramos (y qué "si" tan grande) concebir un pequeño charco de agua templada, con toda clase de sales nitrogenadas y fosfóricas, y con luz, calor y electricidad, se formaría químicamente de allí un compuesto proteínico capaz de sufrir transformaciones aún más complejas, pero hoy en día un compuesto así sería inmediatamente devorado o absorbido; y esto no hubiera ocurrido antes de que aparecieran los seres vivos...

Ciertamente, aquí están plasmadas las ideas de Darwin acerca del origen de la vida; pero ni las hizo públicas, ni tampoco el desarrollo de la ciencia en sus días, en especial el de la química orgánica, había alcanzado un nivel que permitiese la comprobación experimental de esta posibilidad.

Federico Engels, por su parte, preparando su obra *Dialéctica de la naturaleza*, se preocupó también por el origen de la vida. Negó por completo la posibilidad de la generación espontánea y de las teorías vitalistas, exponiendo el carácter idealista y reaccionario de estas suposiciones y sentó las bases filosóficas para el planteamiento moderno del problema al ubicarlo en un contexto materialista.

Engels señaló claramente que la vida en la Tierra no era el resultado de la intervención divina ni un accidente de la materia, sino que representaba un paso más en los procesos de evolución de la naturaleza, dentro de los cuales la materia puede alcanzar niveles de complejidad creciente, yendo de lo inorgánico a lo orgánico y de lo orgánico a lo biológico.

Pero la carta de Darwin habría de permanecer desconocida hasta 1935, y la obra de Engels no vería la luz pública sino hasta 1925. Para entonces ya dos científicos, A. I. Oparin y J. B. S. Haldane, habían ofrecido alternativas muy similares a las de Darwin y Engels, con posiciones claramente materialistas y dialécticas.

2.3 LA TEORÍA DE OPARIN-HALDANE

En 1921, un joven bioquímico soviético, Alexander I. Oparin, presentó ante la Sociedad Botánica de Moscú un breve trabajo en el que concluía que los primeros compuestos orgánicos se habían formado abióticamente sobre la superficie del planeta, previamente a la aparición de los seres vivos, y que éstos se habían desarrollado a partir de las sustancias orgánicas que les precedieron. En 1924 apareció un libro del propio Oparin titulado *El origen de la vida*, en ruso, en donde desarrollaba con bastante más detalle su hipótesis materialista sobre el origen de la vida. En este trabajo, ahora una obra clásica de la ciencia, sugirió que recién formada la Tierra, cuando aún no habían aparecido sobre ella los primeros organismos, la atmósfera era muy diferente a la actual. De acuerdo con Oparin, esta atmósfera primitiva no contenía oxígeno libre, sino que tenía un fuerte carácter reductor debido a la presencia de hidrógeno y de compuestos como el metano (CH_4) y el amoniaco (NH_3). Estos compuestos, continuaba Oparin, habrían reaccionado entre sí gracias a la energía de la radiación solar, de la actividad eléctrica de la atmósfera y de fuentes de calor como los volcanes, y habían dado como resultado la formación de compuestos orgánicos de alto peso molecular los que, disueltos en los océanos primitivos, habrían de dar origen a su vez a los primeros seres vivos. Oparin también diría:

> ... no existe ninguna diferencia fundamental entre un organismo viviente y la materia que llamamos inanimada. La compleja combinación de manifestaciones y propiedades que es tan característica de la vida debe haber surgido en el proceso de evolución de la materia...

Cuatro años más tarde, después de la aparición de este primer libro de Oparin, un biólogo inglés, John B. S. Haldane, publicaría un artículo relativamente corto, también titulado *El origen de la vida*, en el que propondría, en forma independiente, una alternativa extraordinariamente parecida a la hipótesis de Oparin. De acuerdo con el trabajo de Haldane de 1928, la Tierra había tenido originalmente una atmósfera formada por dióxido de carbono (CO_2), amoniaco (NH_3) y agua (H_2O), pero carente de oxígeno libre. Al interaccionar la radiación ultravioleta de origen solar con esta atmósfera, se había formado una gran cantidad de compuestos orgánicos, entre los cuales estaban presentes azúcares y aminoácidos necesarios para la aparición de las proteínas. Haldane proseguía diciendo que estos y otros compuestos orgánicos se habían ido acumulando lentamente en los mares primitivos, formando la llamada "sopa primigenia", de donde habían surgido a su vez los primeros organismos.

En 1949, John D. Bernal argumentó que en estos océanos primitivos la concentración de compuestos orgánicos era demasiado baja para garantizar la formación de medios más densos como el citoplasma, por lo que sugirió que las reacciones de condensación, que aseguraban la formación de polímeros y macromoléculas necesarias para la aparición de la vida, debieron haber tenido lugar en las arcillas formadas en pequeños charcos y lagunas poco profundas sujetas a desecaciones periódicas.

2.4 EL REPLANTEAMIENTO DEL PROBLEMA

La teoría de Oparin-Haldane habría de influir, de una manera decisiva, sobre prácticamente todos los científicos que se preocuparon por el problema del origen de la vida a partir de 1930, gracias a que sus planteamientos abrían, por una parte, la posibilidad de experimentar diversas alternativas y por otra, el desarrollo de diversas disciplinas científicas como la bioquímica, la astronomía, la geología y muchas otras más que permitieron ir reconstruyendo los procesos de evolución previos a la aparición de la vida en la Tierra.

Una de las comprobaciones experimentales más espectaculares se dio en 1953, cuando Stanley L. Miller, trabajando bajo la dirección de Harold C. Urey, demostró que era posible simular en el laboratorio la atmósfera primitiva de la Tierra y repetir los procesos de formación abiótica de moléculas orgánicas entre las cuales destacaban los aminoácidos. Se empezaron a acumular así, en forma sistemática, evidencias que ubicaban el origen de la vida en la Tierra dentro del marco de evolución del universo mismo, dando respuestas cada vez más completas a las preguntas sobre el origen de las moléculas fundamentales para los seres vivos, sobre su evolución pasada, presente y futura y aun sobre la naturaleza de la vida misma.

Así, aun cuando en 1863 Darwin escribió, no sin cierta ironía que:

> ... es un disparate hablar sobre el origen de la vida; se podría hablar igualmente sobre el origen de la materia misma...

hoy sabemos que, en efecto, el origen de los seres vivos está íntimamente ligado a los procesos de evolución química del universo que determinaron la aparición de los elementos que forman a los organismos y que crearon las condiciones adecuadas para su origen y desarrollo.

La evolución química del universo

3.1 EL ORIGEN DE LOS ELEMENTOS QUÍMICOS

Aproximadamente el 95% de la materia viviente está constituida por hidrógeno, carbón, nitrógeno y oxígeno, que junto con muchos otros elementos de la Tabla Periódica se encuentran organizados formando proteínas, ácidos nucleicos, lípidos y carbohidratos y muchas otras moléculas complejas. Estos mismos elementos son los más abundantes en el universo. De todos ellos, el hidrógeno, el más sencillo, ocupa un lugar preeminente: de cada 100 átomos que existen en el universo, 93 de ellos son de hidrógeno. Más aún, los astrónomos coinciden en señalar que cuando se originó la estructura actual del universo, únicamente existían pequeñísimas cantidades de deuterio, de helio y de litio, en tanto que el resto de la materia era hidrógeno. No había, ciertamente, elementos como el carbón, el oxígeno o el fósforo, que son fundamentales para la vida.

¿Cómo se pudieron originar éstos, sin los cuales la vida no habría podido surgir en nuestro planeta?

Tabla 3.1. De cada 100 átomos que hay en:

el Universo	*la corteza terrestre*	*el agua del mar*	*el cuerpo humano*
91 son de H	47 son de O	66 son de H	63 son de H
9.1 " He	28 " Si	33 " O	25.5 " O
0.057 " O	7.9 " Al	0.33 " Cl	9.5 " C
0.042 " N	4.5 " Fe	0.28 " Na	1.4 " N
0.021 " C	3.5 " Ca	0.033 " Mg	0.31 " Ca
0.003 " Si	2.5 " Na	0.017 " S	0.22 " P

Tabla 3.1. (*Continuación*)

el Universo			*la corteza terrestre*			*el agua del mar*			*el cuerpo humano*		
0.003	"	Ne	2.5	"	K	0.006	"	Ca	0.03	"	Cl
0.002	"	Mg	2.2	"	Mg	0.006	"	K	0.06	"	K
0.002	"	Fe	0.46	"	Ti	0.0014	"	C	0.05	"	S
0.001	"	S	0.22	"	H	0.0005	"	Br	0.03	"	Na
			0.19	"	C				0.01	"	Mg
todos los demás elementos < 0.01			todos los demás elementos < 0.1			todos los demás elementos < 0.1			todos los demás elementos < 0.01		

La respuesta a esta pregunta la podemos encontrar estudiando la estructura y la evolución de las estrellas. Estos cuerpos, que se forman a partir del colapso gravitacional de grandes nubes de hidrógeno y polvo que existen en la galaxia, alcanzan temperaturas y presiones tan grandes en su interior que generan energía que se convierte en radiación luminosa que es emitida al espacio.

Cuando el interior de una estrella recién formada tiene temperatura de 10 millones de grados Kelvin, los protones que se encuentran en su centro empiezan a fusionarse entre sí. La fusión de dos protones produce un núcleo de helio, pero a esas temperaturas y presiones también se forman pequeñas cantidades de otros elementos químicos. En el caso de una estrella como el Sol, el hidrógeno se irá transformando en helio durante unos diez mil millones de años, al cabo de los cuales prácticamente todo el hidrógeno del núcleo estelar se habrá transformado en helio. Al acumularse este último elemento en su centro, la estrella se empieza a enfriar y se contrae, entrando en otra fase importante de su evolución.

Tabla 3.2. Algunas reacciones de nucleosíntesis

H	+ H	$\longrightarrow$	He^4	+ energía
He^4	+ He^4	$\longrightarrow$	Be^8	
He^4	+ Be^8	$\longrightarrow$	C^{12}	+ energía
He^4	+ C^{12}	$\longrightarrow$	O^{16}	+ energía
He^4	+ Ne^{20}	$\longrightarrow$	Mg^{24}	+ energía
C^{12}	+ C^{12}	$\longrightarrow$	Mg^{24}	+ energía
O^{16}	+ O^{16}	$\longrightarrow$	S^{32}	+ energía
C^{12}	+ C^{12}	$\longrightarrow$	Na^{23}	
C^{12}	+ O^{16}	$\longrightarrow$	Si^{28}	

El proceso de contracción gravitacional de un gas va acompañado de un incremento en su temperatura; así, cuando la estrella reduce su tamaño, se eleva la temperatura interna y en su núcleo, en el que hasta entonces solamente había átomos de helio, se empieza a producir la fusión de éstos para producir carbón. Durante todos estos procesos se han establecido en el interior estelar corrientes de convección que transportan los elementos químicos formados en el núcleo hasta las partes más externas de la estrella.

A lo largo de su existencia, las estrellas pierden masa en pequeñas cantidades, al arrojar partículas de su superficie formando vientos estelares, semejantes al viento solar. Pero cuando llegan a las etapas de formación de carbón que hemos descrito, la estrella se vuelve dinámicamente inestable, y se desprende de una parte considerable de sus capas exteriores, formando una envolvente gaseosa a su alrededor, llamada *nebulosa planetaria*. Este material, que eventualmente se disipará en el medio interestelar, tiene una composición química que ha sido enriquecida por los procesos de nucleosíntesis en el interior de la estrella, y permitirá la incorporación de átomos más pesados que el hidrógeno al material interestelar.

3.2 LAS SUPERNOVAS Y LA SÍNTESIS DE ELEMENTOS PESADOS

Las estrellas mucho más masivas que el Sol tienen una evolución diferente: una vez que en su interior la estrella ha formado carbón, se enfría y nuevamente se colapsa; pero, debido a la cantidad de masa que posee, ejerce una presión muy grande sobre su

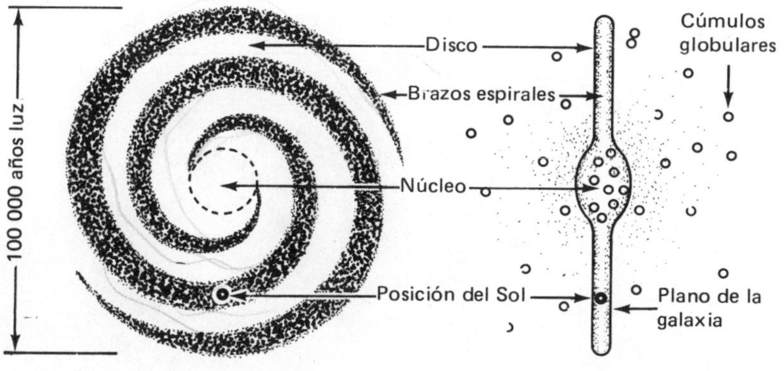

Fig. 3.1. Representación esquemática de la Galaxia.

núcleo, el cual eleva su temperatura considerablemente. En estas nuevas condiciones, se inician otras reacciones de fusión, que dan origen a elementos químicos más complejos, hasta llegar a formar fierro.

Cuando en el núcleo de una estrella se acumula fierro, las reacciones termonucleares ya no pueden proseguir, debido a que para formar elementos químicos más pesados ya no se libera energía, sino que se absorbe. Esto va provocando el enfriamiento progresivo del centro de la estrella, que nuevamente se colapsa.

Este último colapso es catastrófico para la estrella. Al contraerse, ésta alcanza temperaturas y densidades tan grandes que los núcleos atómicos se tocan unos con otros, lo cual impide que la contracción prosiga. En estos momentos la estrella explota. La explosión es tan violenta, que arroja al espacio una gran cantidad de material en el que van los elementos químicos que ha formado en su interior, y emite tanta energía, que puede llegar a ser más luminosa que toda una galaxia. Estas estrellas son las llamadas *supernovas*, y constituyen uno de los fenómenos más espectaculares y energéticos que conocemos en el universo.

Durante las altas temperaturas que se generan en el colapso y la subsecuente explosión de la supernova, muchos núcleos atómicos se rompen, liberando neutrones y protones. Estas partículas son atrapadas por otros núcleos, y al ir aumentando de esta forma su número atómico, van formando elementos más pesados que el fierro, hasta llegar al uranio. De esta manera, la muerte de una estrella, al transformarse en supernova, crea más elementos quími-

Fig. 3.2. *a*) Una nebulosa planetaria; *b*) una remanente de supernova.

a) *b)*

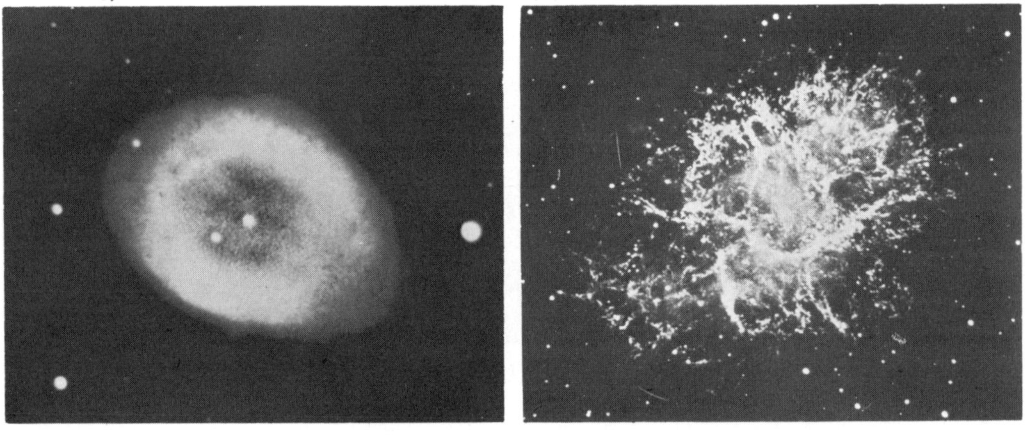

cos que van a enriquecer, cada vez más, las nubes de hidrógeno que hay en la galaxia.

3.3 LAS MOLÉCULAS INTERESTELARES

Como resultado de los procesos de evolución estelar, las nubes de hidrógeno y polvo que existen entre las estrellas de la galaxia se van enriqueciendo en elementos químicos. Debido a las bajas densidades del medio interestelar, se consideraba que era poco probable que los átomos interaccionaran entre sí para formar compuestos químicos. A pesar de que en 1937 se descubrieron moléculas interestelares sencillas, como los radicales metilidina (CH^+) y cianógeno (CN^-), se pensaba que solamente existían en cantidades minúsculas, y que no podrían existir moléculas más complejas.

En el medio interestelar existen grandes cantidades de polvo, con frecuencia asociado a nubes de gas, y que es posible detectar ya que en muchos casos oscurece a las estrellas que se encuentran detrás de las nubes densas que en que se agrupa. Frecuentemente, los átomos que forman las nubes de gas son excitados por la radiación de estrellas muy calientes, y entonces emiten luz, formando las llamadas *nebulosas de emisión*.

En los últimos años, el desarrollo de la radioastronomía ha venido a transformar el estudio del material interestelar; en particular, se han logrado detectar ondas de radio que indican la presencia de una gran cantidad de moléculas; entre ellas, existen monóxido

Fig. 3.3. La nebulosa de Orión.

de carbono (CO), agua (H_2O), amoniaco (NH_3), ácido sulfhídrico (H_2S), formaldehído (H_2CO) y muchas otras más, incluyendo algunas relativamente complejas como el etanol (CH_3CH_2OH), el acrilonitrilo (H_2CCHCN) y el acetaldehído (CH_3CHO).

Estas moléculas han sido descubiertas en el plano de la Vía Láctea, y su abundancia es mayor en las nubes más densas y oscuras, donde existe mayor cantidad de polvo interestelar. En estas nubes, debido a que la densidad de materia es mayor, los átomos están más cerca unos de otros, y pueden chocar entre sí con mayor frecuencia, formando moléculas. La presencia de polvo sin duda alguna contribuye a la formación de moléculas muy complejas mediante reacciones que se pueden llevar a cabo sobre la superficie de los granos de polvo. Este mismo polvo absorbe, de una manera eficiente, la radiación ultravioleta de las estrellas, protegiendo de esta manera a las moléculas que podrían ser destruidas por los fotones más energéticos.

La mayoría de las moléculas que se han descubierto en el medio interestelar tienen un carácter orgánico; es decir, contienen al menos un átomo de carbón en su estructura. Por otra parte, debido a que el formaldehído y el ácido cianhídrico, que son muy abundantes en el medio interestelar, reaccionan fácilmente entre sí para formar aminoácidos, es posible que en las nubes más densas del material interestelar existan moléculas más complejas como la glicina y la alaniha, dos aminoácidos sencillos, y otras tales como las purinas y la urea. La presencia de estas moléculas ciertamente no implicaría actividad biológica: las condiciones de densidad, temperatura y niveles de radiación del medio interestelar impedirían la formación y desarrollo de seres vivos. Sin embargo, las moléculas interestelares existen en grandes cantidades en regiones donde se están formando estrellas. En estas nubes, ocurren procesos de contracción y fragmentación de material interestelar que darán origen, eventualmente, a estrellas y planetas.

Tabla 3.3. Moléculas interestelares

Inorgánicas		*Orgánicas*	
H_2	hidrógeno molecular	CH^+	metilidina
OH	hidroxilo	CN^-	cianógeno
H_2O	agua	CO	monóxido de carbono
SiO	monóxido de silicio	CS	monosulfuro de carbono

Tabla 3.3. (*Continuación*)

Inorgánicas		*Orgánicas*	
SiS	monosulfuro de silicio	HCN	ácido cianhídrico
H_2S	ácido sulfhídrico	H_2CO	formaldehído
SO_2	dióxido de azufre	HNCO	ácido isociánico
NH_3	amoniaco	H_2CS	tioformaldehído
		HC_2CN	cianoacetileno
		HCOOH	ácido fórmico
		H_2CNH	metilenimina
		CH_3OH	metanol
		CH_3CN	acetonitrilo
		$HCONH_2$	formamida
		CH_3C_2H	metil-acetileno
		CH_3CHO	acetaldehído
		$HCOOCH_3$	metil-formato
		CH_3CH_2OH	etanol
		CH_3NH_2	metil-amina
		H_2CCHCN	acrilonitrilo
		$(CH_3)_2O$	dimetil-éter
		NH_2CN	cianamida

3.4 EL ORIGEN DEL SISTEMA SOLAR

Las nubes más densas y oscuras de la galaxia, donde las moléculas existen en mayor abundancia, se encuentran también sujetas a un proceso de contracción gravitacional, durante el cual se fragmentan en trozos de diferente masa y tamaño. A su vez, cada uno de los fragmentos así formados se seguirá contrayendo, hasta dar origen a cuerpos masivos, las llamadas *protoestrellas*, los cuales al continuar el proceso de colapso, formarán estrellas en cuyo interior se llevan a cabo las reacciones termonucleares que ya hemos descrito.

El propio Sistema Solar seguramente se formó por un proceso similar. La fragmentación de una nube de material interestelar, en la que probablemente existía una gran cantidad de moléculas, dio

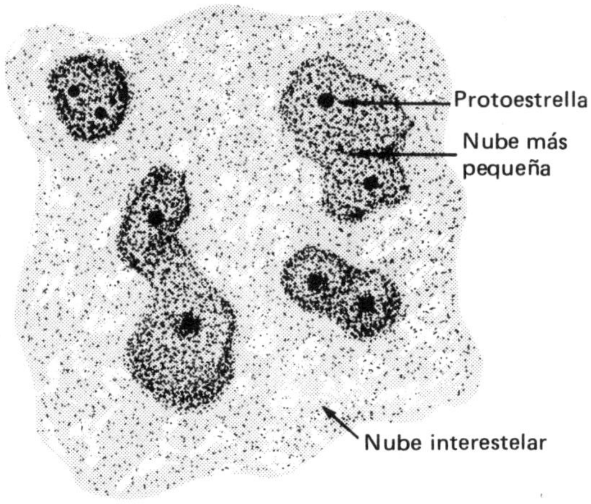

Fig. 3.4. Condensación y fragmentación de una nube densa de material interestelar.

por resultado la formación de nubes más pequeñas, cada una de las cuales se seguía contrayendo a su vez.

Una de ellas, la llamada *nebulosa solar*, empezó a acumular material en su centro, donde eventualmente se formaría el Sol, mientras que en el resto de la nebulosa se formaban pequeñas condensaciones a partir de granos de polvo, moléculas y átomos que se iban agrupando. Esta nube se empezó a contraer, formando un disco que giraba alrededor del *protosol*.

Hace aproximadamente cuatro mil quinientos millones de años, el Sol empezó a emitir energía generada por procesos termonucleares que ocurrían en su interior, y al hacerlo empujó hacia las partes externas de la nebulosa solar el material gaseoso más ligero. De esta manera, los planetas que se formaron a partir de la condensación del material del disco que giraba alrededor del Sol quedaron separados en dos grandes grupos, de acuerdo con su composición química. Los que se habían formado más cerca del Sol, es decir, Mercurio, Venus, la Tierra y Marte, se formaron de un medio pobre en hidrógeno y helio, en tanto que los planetas que se condensaron lejos, Júpiter, Saturno, Urano, Neptuno y Plutón, se formaron a partir de un medio rico en gases como el hidrógeno, el helio, el metano, el amoniaco y muchos otros que hasta la fecha conservan.

Hubo material que no se alcanzó a condensar formando planetas: los meteoritos y los cometas. El estudio de los meteoritos, sobre todo los llamados condríticos, que contienen compuestos orgánicos, muestra que en la nebulosa solar existían grandes cantidades de moléculas complejas, en tanto que los cometas, que se formaron en los confines del Sistema Solar, son grandes trozos de

Nebulosa solar

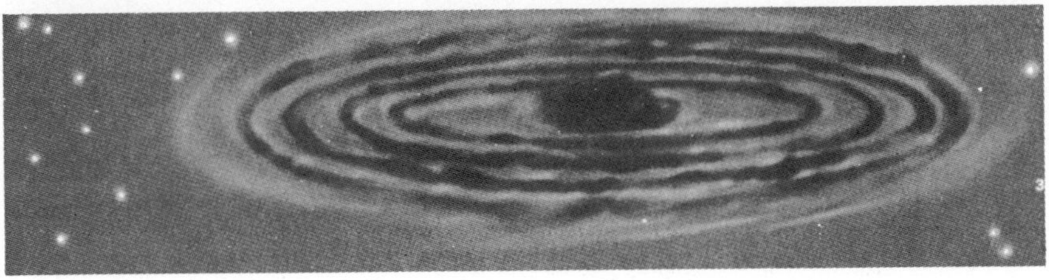

Protosol

Protoplanetas

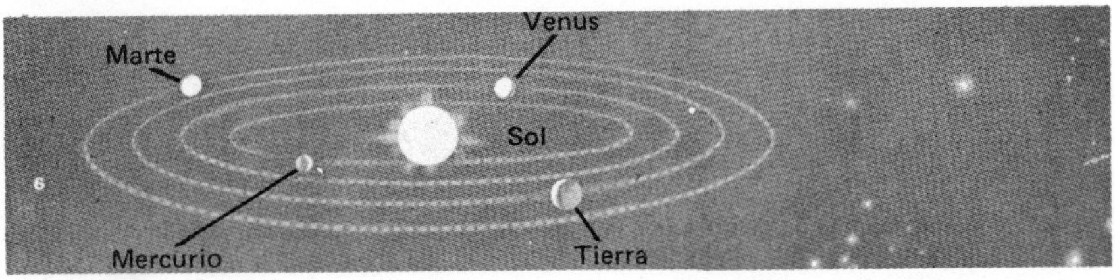

Fig. 3.5. Origen del Sistema Solar.

hielos de diferentes compuestos como el agua, el metano, el amoniaco y otros sólidos volátiles, que reflejan la composición química inicial de la nebulosa solar.

A una distancia aproximadamente de 150 millones de kilómetros del Sol, se había formado la Tierra. Si bien es cierto que durante las primeras etapas de la evolución del Sistema Solar, era un cuerpo que apenas comenzaba a estabilizarse y sobre el cual aún se precipitaban grandes trozos del material que se seguía acumulando, su evolución como planeta pronto creó las condiciones adecuadas para el origen y desarrollo de la vida.

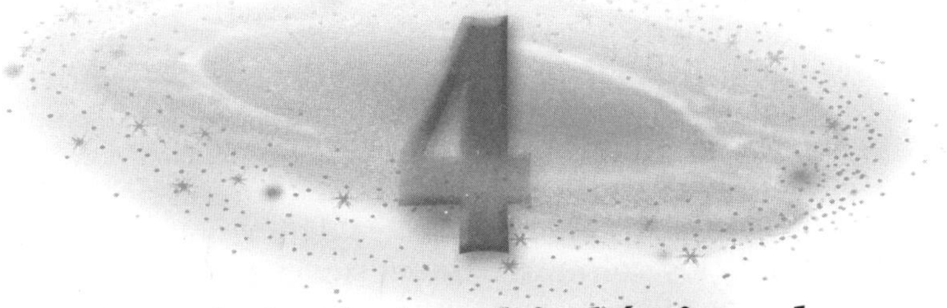

La síntesis prebiológica de compuestos orgánicos

4.1 LA TIERRA PRIMITIVA

Si bien es cierto que la Tierra se formó, junto con el resto del Sistema Solar, de una nube densa de material interestelar que contenía una gran cantidad de compuestos orgánicos, es poco probable que estas moléculas hayan podido sobrevivir a las altas temperaturas que se generaron en las partes internas de la nebulosa solar durante su colapso.

Una vez que la Tierra se había condensado, su superficie se encontró expuesta a un intenso viento solar, al choque de meteoritos y grandes trozos de material que se seguían condensando, y al decaimiento radioactivo de elementos como el torio y el uranio. Todos estos procesos provocaron que su temperatura superficial se elevara considerablemente y, seguramente, que grandes extensiones de ella se encontraran fundidas, lo cual provocó que el fierro y el níquel en estado líquido se desplazaran hacia el interior de la Tierra formando su núcleo. Pero, al mismo tiempo, estas altas temperaturas hicieron que se evaporase rápidamente la primera atmósfera que había tenido la Tierra. Esta atmósfera primitiva, cuyos componentes no eran sino los elementos y compuestos gaseosos presentes en la nebulosa solar, sobre todo hidrógeno y helio, fue también disipada por el flujo de partículas que arrojaba el Sol durante esta etapa de su evolución. Es probable que durante algún tiempo la Tierra circulase alrededor del Sol como un planeta carente de atmósfera.

Pero esta situación habría de durar poco tiempo; grandes cantidades de gases provenientes de fisuras en la superficie y de los primeros volcanes, fueron exhaladas del interior de la Tierra. Estos gases, cuyo contenido podemos estudiar analizando las erupciones volcánicas contemporáneas, contenían sobre todo vapor de agua, nitrógeno y dióxido de carbono.

El resultado de estos procesos de degasamiento interno de la Tierra fue la rápida formación de la llamada *atmósfera secundaria*, en la que muy pronto se formaron compuestos como el metano (CH_4), el amoniaco (NH_3), el ácido cianhídrico (HCN) y otros más, bajo la acción de algunas fuentes de energía como el calor desprendido por los volcanes o la radiación proveniente del Sol. Esta segunda atmósfera, al igual que la primera que tuvo la Tierra, carecía de oxígeno, lo cual le daba un fuerte carácter reductor.

El hecho de que la atmósfera secundaria fuese rica en hidrógeno y pobre en oxígeno, daba por resultado un proceso importante: en tanto que actualmente la radiación ultravioleta más energética que proviene del Sol es atrapada en las capas superiores de la atmósfera por las moléculas de ozono (O_3), en ausencia del oxígeno, la atmósfera secundaria era permeada por grandes cantidades de radiación ultravioleta de origen solar. Por otra parte, también llegaban a la Tierra grandes cantidades de rayos cósmicos, que junto con la actividad eléctrica de la atmósfera, la radioactividad y el calor desprendido por los volcanes y otros procesos geológicos, constituían fuentes de energía químicamente aprovechables.

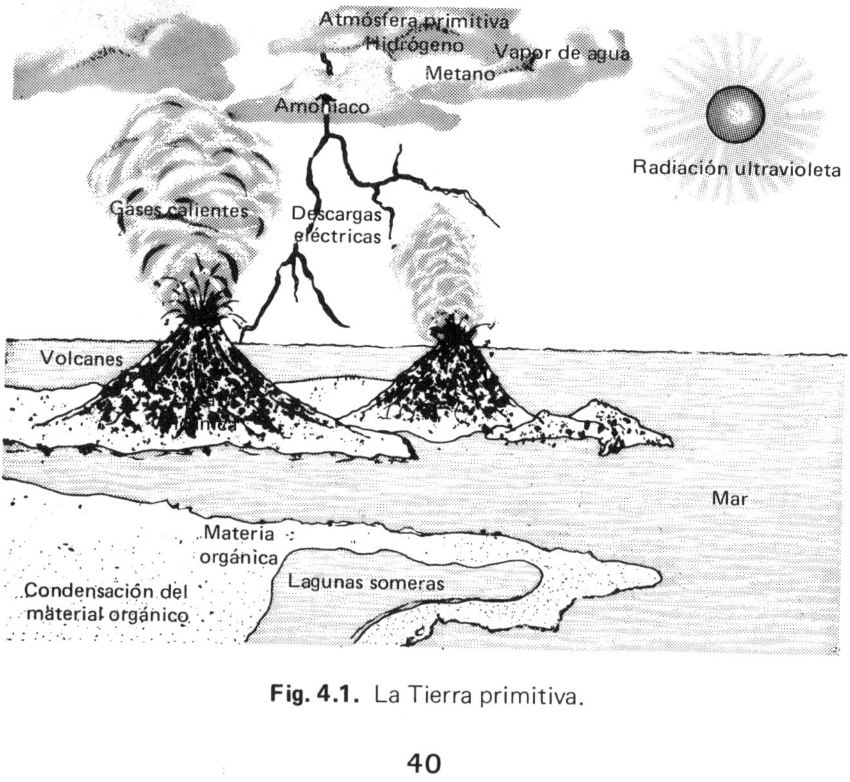

Fig. 4.1. La Tierra primitiva.

Los procesos de enfriamiento de la Tierra provocaron que el agua, que se encontraba en la atmósfera como vapor, se condensara, precipitándose en forma de lluvias torrenciales que fueron disolviendo grandes cantidades de las sales minerales de la superficie terrestre y se fueron acumulando en las oquedades formando así los primeros océanos; éstos tenían un pH de aproximadamente 8 y temperaturas cercanas a las de la ebullición del agua.

En este ambiente, que ahora nos parece extraordinariamente hostil para el desarrollo y mantenimiento de los seres vivos, fue donde se iniciaron los procesos de evolución que precedieron a la aparición de la vida en la Tierra.

4.2 EL EXPERIMENTO DE MILLER-UREY

Uno de los primeros experimentos que vino a demostrar que los procesos de evolución química que antecedieron a la vida pudieron haber ocurrido en la Tierra primitiva, fue el que realizó en 1953 Stanley L. Miller, trabajando bajo la dirección del profesor Harold C. Urey. Para llevarlo a cabo intentaron simular en el laboratorio las posibles condiciones de la atmósfera secundaria de la

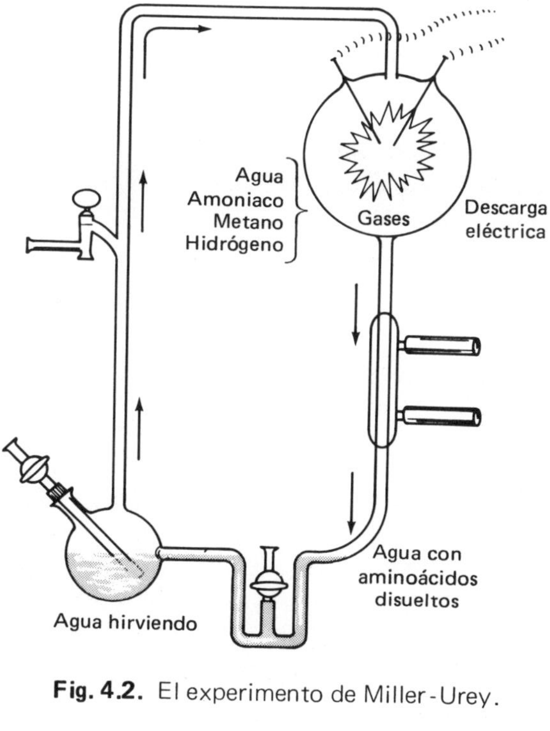

Fig. 4.2. El experimento de Miller-Urey.

Tierra. Colocaron una mezcla de hidrógeno, metano y amoniaco en un matraz, al que le llegaba constantemente vapor de agua y en el cual se colocaron electrodos que produjeron descargas eléctricas durante una semana; al cabo de ésta, se analizó el agua que se había condensado al enfriarse y que tenía disueltos los productos de las reacciones químicas. La sorpresa fue extraordinaria: el análisis reveló que se habían sintetizado, en el curso del experimento, cuatro aminoácidos: glicina, alanina, ácido aspártico y ácido glutámico, todos ellos componentes de las proteínas que forman los seres vivos. También se habían formado ácidos grasos, los ácidos fórmicos, acético y propiónico, así como urea, otros aminoácidos no-proteínicos y muchos otros compuestos orgánicos de alto peso molecular.

Se había demostrado de esta manera que los compuestos fundamentales para la aparición de los seres vivos se podían originar abióticamente. Ante resultados tan espectaculares, rápidamente se empezaron a repetir en todo el mundo experimentos de tipo similar al que hemos descrito, y se procedió a diseñar otros más complicados de la Tierra primitiva.

4.3 SIMULANDO LA TIERRA PRIMITIVA

Usando diferentes fuentes de energía y mezclas de gases, los investigadores rápidamente llegaron a una conclusión: siempre que no existiese oxígeno libre en los dispositivos experimentales donde se simulaba la atmósfera primitiva, se podían formar compuestos orgánicos complejos. De otra manera, en presencia del oxígeno ocurrían reacciones de oxidación que no eran sino combustiones de las mezclas de gases utilizadas. Estos resultados vinieron a confirmar uno de los postulados fundamentales de Oparin y de Haldane, respecto al carácter reductor de la atmósfera primitiva de la Tierra.

Los experimentos posteriores, si bien estaban basados en los principios generales del de Miller-Urey, se fueron haciendo cada vez más complicados. Ya no solamente se simulaba la atmósfera primitiva sino, como lo hizo Ponnamperuma, también la hidrósfera, colocando un matraz en el que el agua se vaporizaba y acumulaba todos los productos de la reacción de una atmósfera reductora que en contacto directo con ella, formaba una "sopa primitiva".

Por otra parte, si bien es cierto que al principio únicamente se utilizaban descargas eléctricas como fuentes de energía para estas reacciones de síntesis prebiológica, rápidamente se generalizó la utilización de otras formas de energía, como radiación ultravioleta,

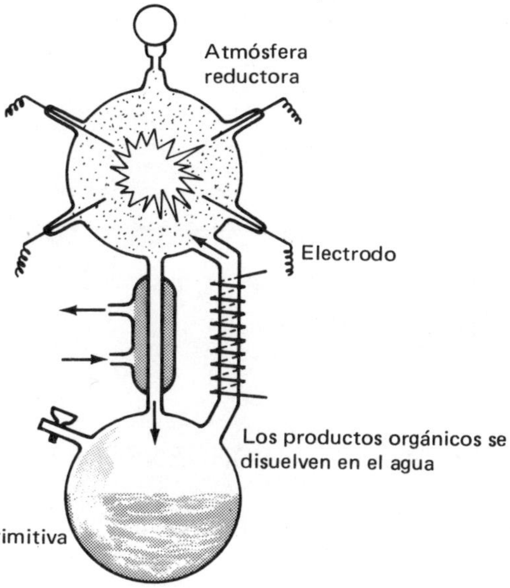

Fig. 4.3. Uno de los experimentos de Ponnamperuma en que se simula en el laboratorio la hidrósfera y la atmósfera primitivas.

partículas aceleradas que simulaban las producidas por el decaimiento radioactivo de algunos elementos, o fuentes de calor que en la Tierra primitiva pudieron haber sido originadas por la actividad geológica. Y como se suponía que la Tierra había sufrido choques con meteoritos y quizás cometas, se diseñaron experimentos en los cuales la energía mecánica del choque era simulada con esferas metálicas que atravesaban a gran velocidad mezclas reductoras de gases, o bien se hacían pasar ondas de choque. En todos estos casos era siempre posible sintetizar aminoácidos, ácidos grasos, lípidos y carbohidratos.

A medida que se fue comprendiendo mejor la posible constitución de la atmósfera secundaria, se empezaron a utilizar otros compuestos como precursores, usando, además del metano, amoniaco e hidrógeno, otras sustancias como ácido sulfhídrico (H_2S), que seguramente provenía en la Tierra primitiva de los gases volcánicos, y ácido cianhídrico (HCN), formaldehído (H_2CO), monóxido de carbono (CO), y muchas otras.

De esta gama tan amplia de experimentos surgió una serie igualmente grande de compuestos orgánicos, todos ellos fundamentales para la vida: aminoácidos, purinas, pirimidinas, carbohidratos, moléculas energéticas como ATP, y muchas más.

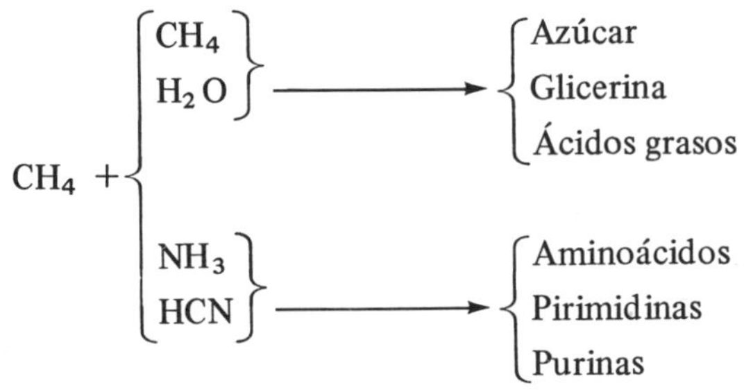

Fig. 4.4. Algunas macromoléculas sintetizadas a partir del metano.

4.4 LAS REACCIONES DE CONDENSACIÓN

El siguiente paso trascendental en la evolución prebiológica era la aparición de los enlaces covalentes que permitiría la formación de moléculas tales como los nucleótidos, los péptidos y los lípidos, y la posterior aparición de polímeros como los polisacáridos, los polinucleótidos y los polipéptidos. Sin embargo, para que estos polímeros se puedan formar, es necesario que ocurran las llamadas *reacciones de condensación*, que implican la formación de moléculas de agua a partir de grupos químicos presentes en los movimientos que se unirán entre sí por medio de enlaces covalentes.

Este tipo de reacciones pueden ocurrir gracias a la presencia de compuestos químicos capaces de extraer el agua de las moléculas que están sufriendo reacciones de condensación; este proceso, que se da en las moléculas contemporáneas utilizando un grupo químico de la molécula de ATP, pudo haber ocurrido en los mares primitivos a partir de sustancias tales como el cianógeno, el cianato de hidrógeno o el fosfato de cianovinilo, que se pudieron haber sintetizado fácilmente en las condiciones abióticas de la Tierra primitiva.

La otra posibilidad es que las reacciones de condensación hayan ocurrido sobre la superficie de ciertos minerales, que pudieron haber adsorbido los monómeros que luego dieron lugar a los polímeros respectivos. Este tipo de procesos pudo haber ocurrido a orillas de los mares y en las acumulaciones de agua que existían en pequeños charcos y lagunas someras, donde las soluciones se concentraban rápidamente al evaporarse el agua de ellas. Al suceder esto, la materia orgánica se depositaba en las arcillas y lodos así formados, donde fácilmente podían ocurrir las reacciones de polimerización, como lo demuestran numerosos experimentos.

Sin embargo, Harada y Fox han propuesto un mecanismo aparentemente inverso. Calentando una mezcla de metano, amoniaco

Tabla 4.1. Síntesis abióticas

Compuestos obtenidos	*Precursores**	*Fuentes de energía libre*
aminoácidos, tanto proteínicos como no proteínicos	CH_4, NH_3, H_2, H_2O, CO, H_2S, H_2CO, HCN, NH_4NO_3 HC_2CN, NH_2OH y muchas otras sustancias	descargas eléctricas, radiación ultravioleta, luz solar intensa, ondas de choque, rayos beta, etc.
dipéptidos y polipéptidos	CH_4, NH_3, H_2O y aminoácidos.	calor, radiación ultravioleta, descargas eléctricas (espontánea)
purinas, pirimidinas y nucleótidos	CH_4NH_3, H_2O, HCN, HC_2CN KCN, CN, y para nucleótidos, ribosa, adenina, desoxirribosa, fosfatos	radiación ultravioleta, rayos beta, calor, descargas eléctricas (a menudo es espontánea)
polinucleótidos	nucleótidos, ác. uridílico, fosfatos	descargas eléctricas, calor
compuestos nitrogenados (urea, metil-urea)	CH_4, NH_3, H_2, H_2O, H_2S, N_2 ácido cítrico, etc.	descargas eléctricas, radiación ultravioleta, bombardeo con protones o electrones
aldehídos y azúcares (glucosa, ribosa, desoxirribosa)	HCN, NH_3, H_2O, H_2CO	calor, radiación ultravioleta, rayos gamma y beta (a veces es espontánea)
polisacáridos	glucosa, fructosa y ribosa, ác. fosfórico	calor
porfirinas	pirroles, benzaldehído, H_2CO, CH_4, NH_3, H_2O	radiación ultravioleta, descargas eléctricas (a veces es espontánea)

* En diferentes combinaciones y concentraciones.

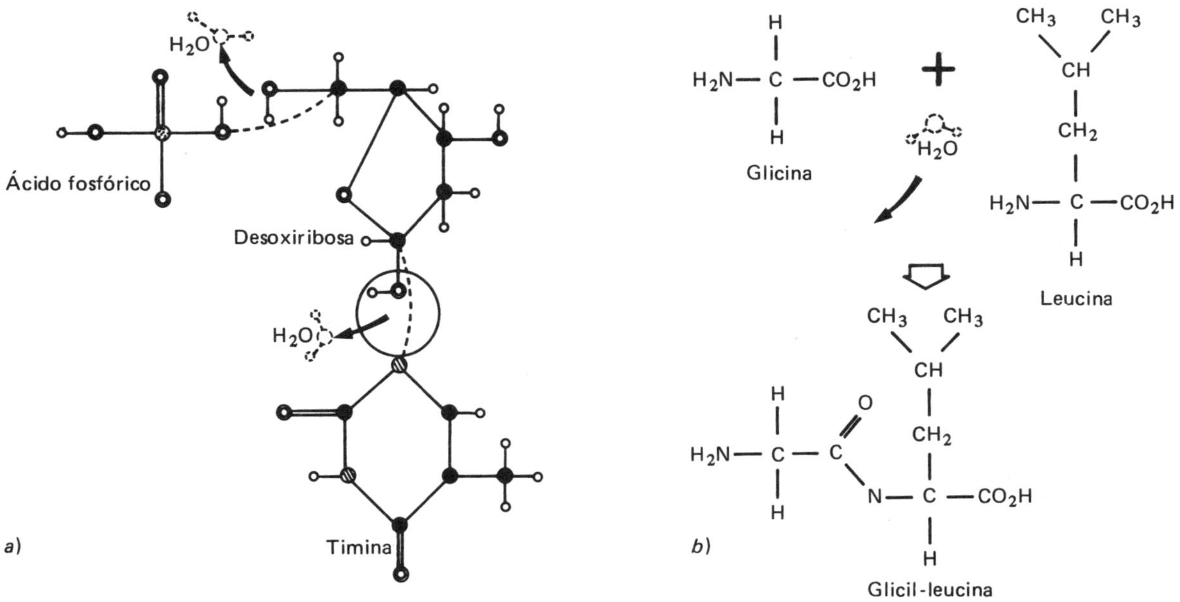

Fig. 4.5 *a*). Formación de un nucleótido y ***b***) formación de un dipéptido.

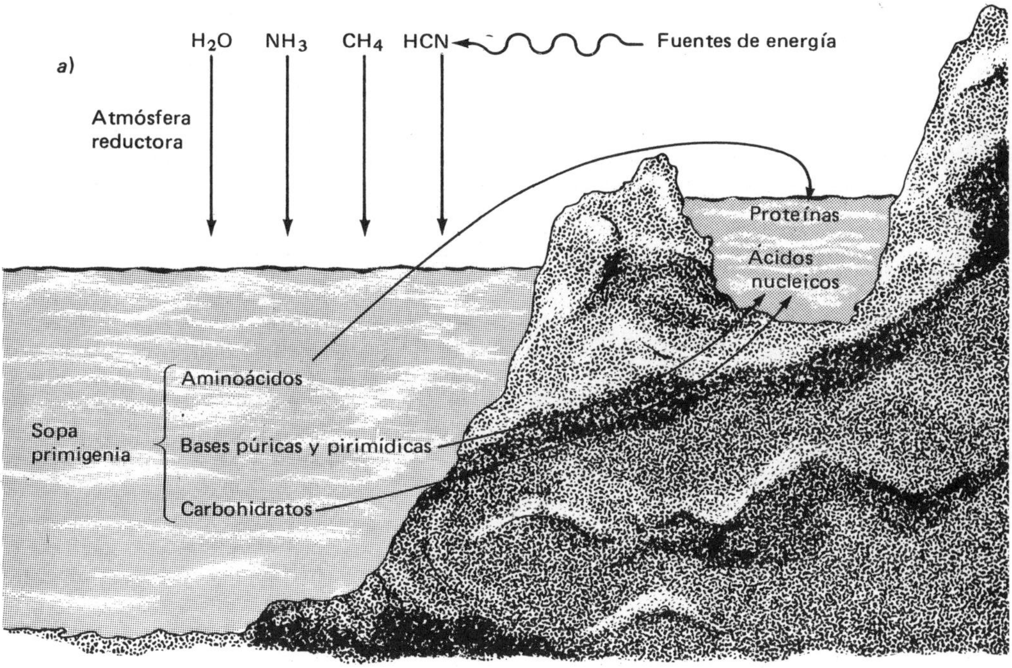

b)

Metano CH_4	Calor	Aminoácidos	Calor	Proteínas
Agua H_2O	Descargas eléctricas	Purinas	Radiación ultravioleta →	Ácidos nucleicos
Amoniaco NH_3	Radiación ultravioleta →	Pirimidinas	Descargas eléctricas	Carbohidratos
Hidrógeno H_2	Rayos X	Azúcares		Lípidos
	Partículas α, β	Ácidos grasos		

Fig. 4.6. Un mecanismo probable de síntesis abiótica de biopolímeros.

y agua, lograron obtener un polipéptido, que al ser hidrolizado se rompió, dando origen a catorce aminoácidos.

Todos estos experimentos parecen sugerir que las biomoléculas que precedieron a los seres vivos en la Tierra se pudieron haber formado fácilmente gracias a diversos mecanismos cuya naturaleza aún no es del todo clara, a pesar de lo cual podemos establecer "árboles genealógicos" que caractericen de alguna forma la secuencia de la evolución prebiológica de la materia.

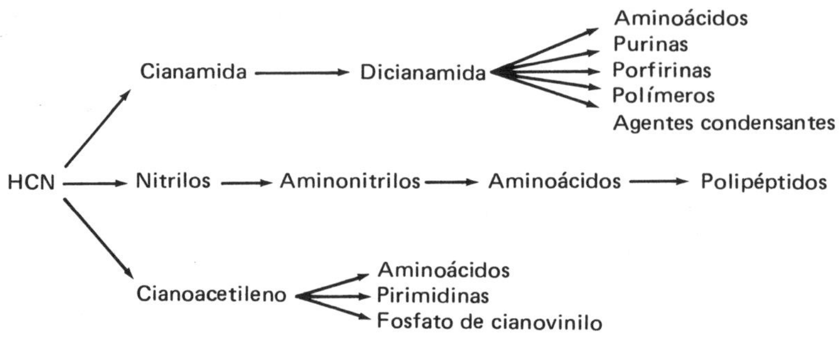

Fig. 4.7. El ácido cianhídrico como precursor de macromoléculas.

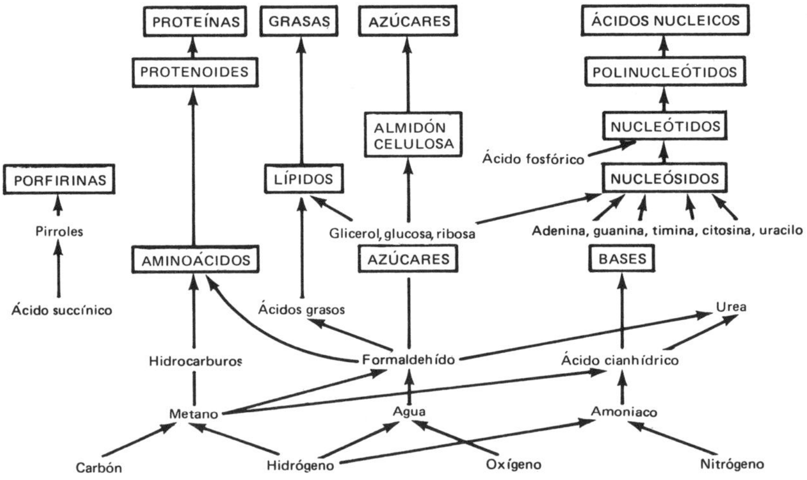

Fig. 4.8. Los niveles de complejidad en la evolución química.

4.5 EL PROBLEMA DE LA ASIMETRÍA

Estamos habituados a considerar algunos objetos que existen en la naturaleza como imágenes especulares de otros. Por ejemplo, la mano derecha es en cierta forma la imagen especular de la mano izquierda: aun cuando su forma sea básicamente la misma, el hecho de que la una sea la imagen al espejo de la otra, impide que podamos utilizar un guante izquierdo para una mano derecha, y análogamente, no podemos superponer una mano izquierda a una derecha. Con las moléculas, sobre todo con las más complicadas, sucede lo mismo: existen dos formas, una de ellas orientada hacia la derecha, que se designa anteponiendo la letra D al nombre de la molécula y otra, que puede ser químicamente idéntica, que es la imagen especular orientada hacia la izquierda, y que se designa anteponiendo la letra L.

En el mundo de lo no vivo, los dos tipos de moléculas existen en cantidades iguales, formando lo que llamamos una *mezcla racémica.* Pero en los seres vivos, todos los aminoácidos son de la forma L (salvo unos cuantos de la forma D localizados en la pared celular de ciertas bacterias), en tanto que los azúcares son de la forma D. ¿Cuál es el origen de esta asimetría? En realidad, hasta la fecha no tenemos una respuesta cierta. La situación se complica por el he-

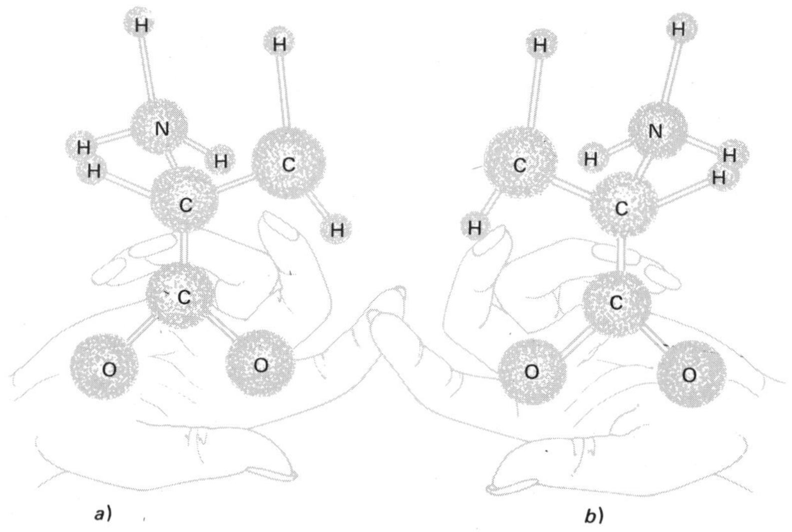

Fig. 4.9. *a)* L-alanina; *b)* D-alanina.

cho de que en todos los experimentos de síntesis abiótica de compuestos orgánicos se forman siempre mezclas racémicas, lo que ha llevado a algunos investigadores a proponer que la asimetría molecular de los seres vivos es un resultado del azar, en tanto que otros sugieren la existencia de algún mecanismo selectivo que favoreció la formación de la vida a partir de L-aminoácidos y D-azúcares. Esta posibilidad parece encontrar apoyo en los resultados obtenidos por Garay, quien en 1968 reportó que al bombardear una solución de aminoácidos con electrones desprendidos por estroncio-90, la forma D era destruida mucho más rápidamente que la forma L. Por otra parte, es claro que por problemas de estabilidad molecular no es posible, por ejemplo, formar un polipéptido en que se encuentren tanto aminoácidos L y D. Pero aún no existe una explicación satisfactoria del origen de la asimetría en los seres vivos, por lo que es necesario desarrollar estudios teóricos y experimentales que arrojen luz acerca de este problema.

Los sistemas precelulares

5.1 LA FORMACIÓN DE SISTEMAS POLIMOLECULARES

Paralelamente a la formación abiótica de los polímeros que ocurría en las arcillas y los de los charcos situados en la orillas de los mares primitivos, se daba un proceso de gran importancia cualitativa: la formación de pequeños sistemas constituidos por gotitas de agua de tamaño microscópico en las que se encontraban disueltas grandes cantidades de estos mismos polímeros y de muchas otras sustancias orgánicas.

Este tipo de sistemas polimoleculares probablemente se formaban gracias a las desecaciones e hidrataciones sucesivas que ocurrían en las playas, de donde eventualmente eran arrojados al mar, en el que podían seguir absorbiendo material orgánico y acumularlo en grandes concentraciones en su interior. De esta manera, aunque originalmente estuviesen formados por compuestos relativamente sencillos, el intercambio de materia y energía con el medio ambiente permitía la síntesis, en el interior de estos microsistemas, de moléculas aún más complejas.

Este tipo de sistemas, que seguramente antecedieron a la formación de las primeras células, representan un cambio fundamental en la organización de la materia que podemos estudiar a partir de modelos que fácilmente se forman en el laboratorio, tales como los coacervados y las microesférulas proteicas.

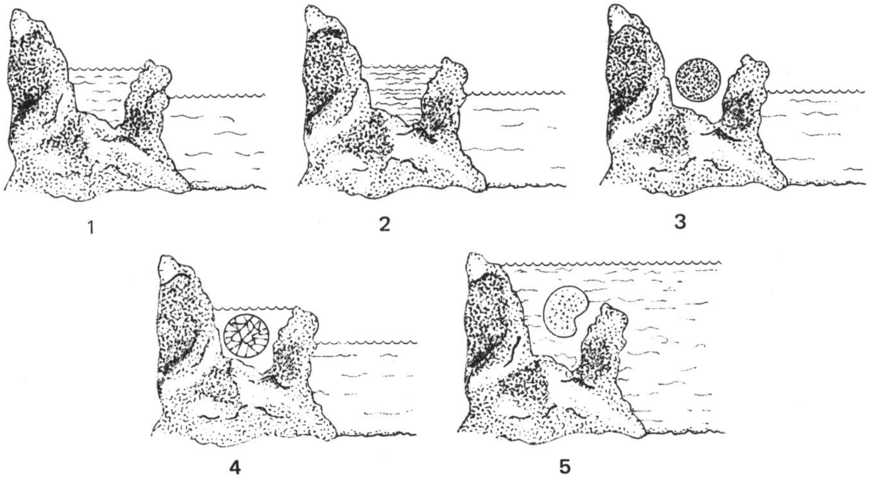

Fig. 5.1. Un posible origen de los sistemas precelulares.

5.2 LOS COACERVADOS

Uno de los modelos más estudiados como un posible antecesor de las primeras células es el de los coacervados. Originalmente fueron sugeridos como un modelo del citoplasma por un químico holandés, B. de Jong, quien demostró que mezclando dos soluciones diluidas de compuestos de alto peso molecular, como proteínas y carbohidratos, se podían obtener gotitas microscópicas donde las macromoléculas tendían a agregarse como resultado de cargas eléctricas opuestas. Estas gotitas, que Jong llamó *coacervados*, quedaban suspendidas en la matriz líquida, en la cual se daba una disminución notable en la concentración de las macromoléculas a medida que éstas se iban acumulando en las gotas de coacervado.

Oparin y sus discípulos se dieron a la tarea de investigar minuciosamente las propiedades de los coacervados, proponiéndolos como un modelo de evolución prebiológica. Así, lograron demostrar que en diversos tipos de coacervados, formados a partir de sustancias como proteínas, carbohidratos, ácidos nucleicos y otras más, ocurrían una serie de procesos físicos y de reacciones químicas de relativa complejidad.

No todos los coacervados que se forman en una misma solución son idénticos, sino que presentan diferencias importantes en su estructura interna; más aún, dentro de un mismo coacervado ocurren procesos de diferenciación, ya que las moléculas que los forman tienden a distribuirse en forma desigual en su interior, como los ácidos nucleicos, en tanto que otros compuestos más sencillos

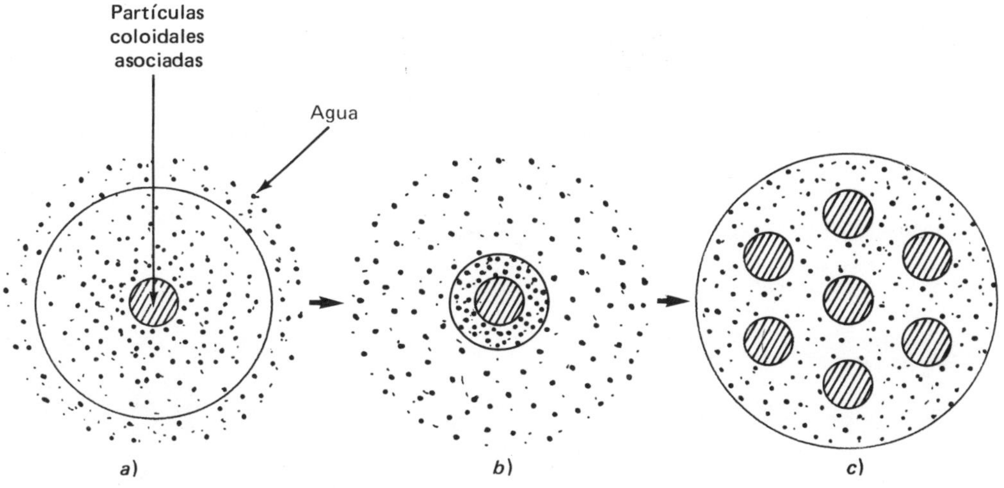

Fig. 5.2. La formación de un coacervado.

como los azúcares y los mononucleótidos se distribuyen en forma más o menos homogénea.

Por otra parte, debido a que los coacervados se pueden formar aun en soluciones extremadamente diluidas, y que una vez formados pueden seguir aumentando de tamaño hasta alcanzar estados de equilibrio con la matriz líquida, es posible estudiar en ellos procesos abióticos de crecimiento. A menudo ocurre que los coacervados crecen tanto que se vuelven inestables, rompiéndose en gotitas más pequeñas las cuales, a su vez, pueden ir aumentando de tamaño al absorber moléculas presentes en la mezcla de las mencionadas soluciones.

Entre los resultados más importantes encontrados por Oparin y sus colaboradores está la demostración de que en el interior de un coacervado pueden ocurrir reacciones químicas que llevan a la formación de polímeros. Debido a que un coacervado está cambiando materia y energía con el medio ambiente, se ha logrado demostrar que, en presencia de las enzimas adecuadas, se puede formar en su interior poliadenina, un polinucleótido, a partir de adenina absorbida por la gota de coacervado. Análogamente, es posible lograr que se forme en su interior almidón a partir de glucosa 1-fosfato y este almidón, que contribuye a aumentar el tamaño del coacervado, puede luego transformarse en maltosa gracias a la acción de ciertas enzimas y ser arrojado luego al exterior.

En otros experimentos Oparin logró demostrar que, a partir de coacervados preparados con clorofila, se podían lograr reacciones de oxidación-reducción en presencia de luz.

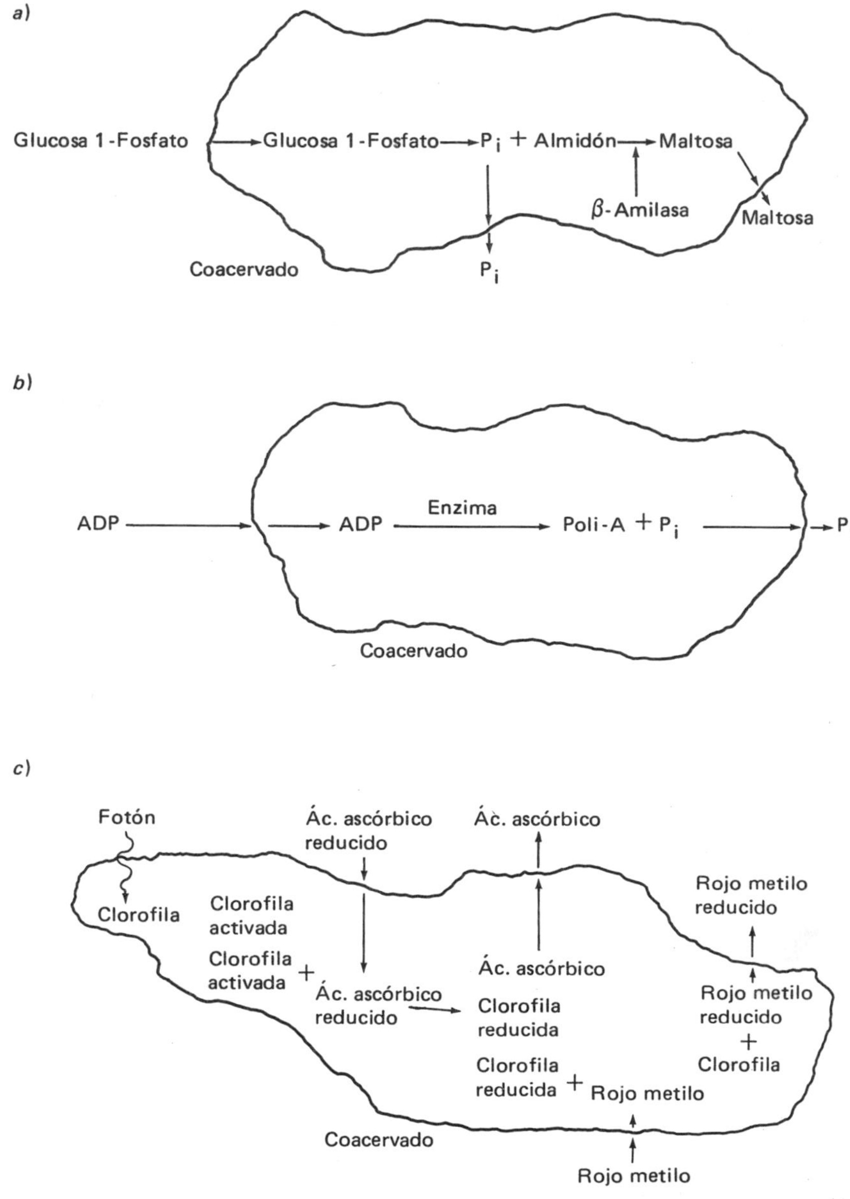

Fig. 5.3. Algunas reacciones químicas que ocurren en los coacervados. *a*) Síntesis e hidrólisis del almidón por la fosforilasa y la β-amilasa. *b*) Síntesis de la poliadenina (poli-A) a partir de adenosin-difosfato (ADP) por la enzima polinucleótido fosforilasa (P_i = fósforo inorgánico). *c*) Reacciones de oxido-reducción en un coacervado con clorofila.

5.3 LAS MICROESFÉRULAS PROTEICAS

Sidney W. Fox, en cambio, ha sugerido que las primeras células fueron directamente precedidas por lo que él ha llamado *microesférulas proteicas*, que son pequeñas gotitas que se forman en soluciones concentradas de proteinoides, y cuyas dimensiones son comparables a las de una célula típica. Estas pequeñas esferas, que sueles ser muy resistentes, se forman fácilmente y en grandes cantidades a partir de aminoácidos que se polimerizan por acción del calor; estos proteinoides, disueltos en agua hirviendo, dan lugar a las microesférulas al enfriarse la solución, y en condiciones adecuadas de pH y de concentraciones salinas.

Las microesférulas presentan una gran similitud morfológica y aun dinámica con las células; frecuentemente se pueden unir en largas cadenas semejantes a las que forman algunas bacterias, aunque en muchos casos es posible encontrarlas aisladas. Presentan fenómenos osmóticos: disminuyen su tamaño en soluciones hipertónicas y se hinchan, en cambio, en soluciones hipotónicas, lo cual sugiere que poseen una membrana semipermeable.

Las microesférulas, al absorber selectivamente proteinoides disueltos en un medio acuoso, pueden aumentar de tamaño y formar yemas, semejantes a las que se observan en las levaduras, que eventualmente se separan y forman unidades aisladas. En otras microesférulas, en cambio, es frecuente advertir procesos de bipartición por medio de la formación de tabiques. Las membranas de las microesférulas pueden estar formadas por un sola capa, aunque al aumentar el pH del medio externo suelen formar una capa doble que es semejante a membranas naturales.

Fox y sus colaboradores han logrado preparar microesférulas que muestran una organización granular en su interior, y se ha observado que las partículas giran en su interior, circulando por todo el volumen de la microesférula.

¿Cómo se comparan entre sí las propiedades de los coacervados y de las microesférulas? La respuesta a esta pregunta, de interés para seleccionar a uno de los dos modelos como una posible estructura precelular, es difícil de contestar.

Si bien es cierto que los coacervados son mucho menos estables que las microesférulas, éstas en cambio exhiben propiedades catalíticas internas mucho más simples que las señaladas para los primeros. Las microesférulas pueden acelerar reacciones químicas cuando se forman a partir de protenoides que poseen actividad catalítica, y las que se forman a partir de proteoides con zinc en una solución que contenga ATP, giran de una manera no arbitraria; pero, en general, parecen sólo conservar las propiedades químicas

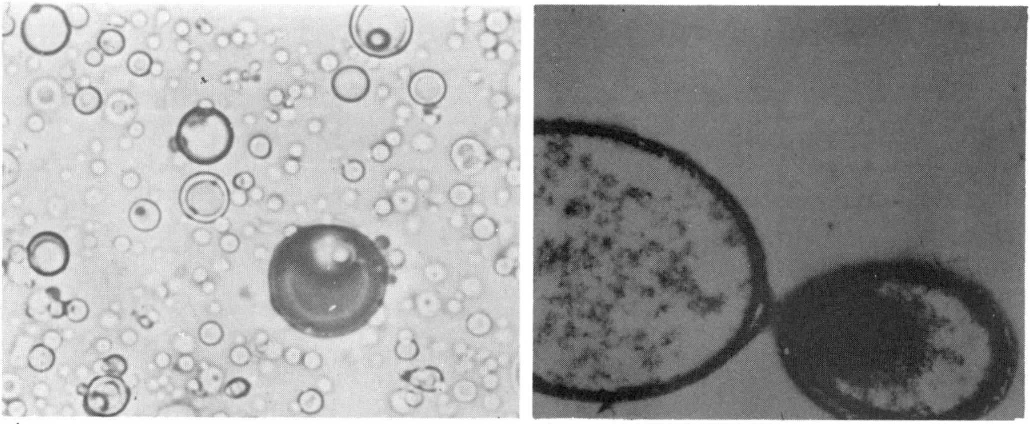

a) b)

Fig. 5.4. *a*) Coacervados y *b*) macroesférulas proteicas.

de los polipéptidos que las forman. Sin embargo, en ambos tipos de modelos precelulares las reacciones químicas ocurren en el interior a una velocidad sustancialmente diferente que en el medio externo; ésta fue una propiedad fundamental para la aparición de los sistemas polimoleculares que precedieron a los primeros seres.

5.4 SULFOBIOS Y COLPOIDES

A principios de la década que se inició en 1930, un científico mexicano, don Alfonso L. Herrera, preocupado también por el problema del origen de la vida, empezó a experimentar con una serie de estructuras minúsculas, con apariencia de microorganismos, que formaba a partir de la mezcla de diferentes proporciones de sustancias tales como aceite, gasolina y diversas resinas. De esta forma, logró obtener una gran variedad de estructuras, algunas de las cuales, enviadas a diferentes microbiólogos, fueron identificadas como diversas especies de microorganismos.

Herrera, un materialista convencido para quien el origen de la vida era una cuestión que podían resolver los científicos, estructuró lo que él llamó la teoría de la *plasmogenia*, con la cual pretendía explicar la aparición de los primeros organismos.

En 1942 publicó un artículo en el que describió la formación de lo que llamó *sulfobios*, que no eran sino microestructuras organizadas con apariencia de células, formadas a partir de tiocianato de amonio y formalina. Informaba, al mismo tiempo, de la síntesis

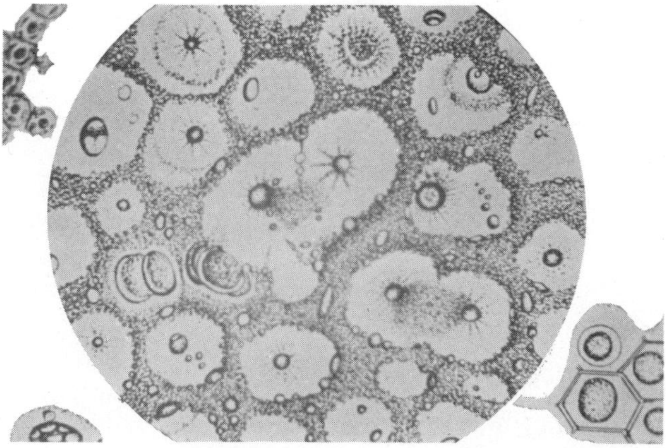

Fig. 5.5. Dibujo de A. Herrera que muestra algunos de los súlfobos que había sintetizado.

de dos aminoácidos y de otros productos de condensación, incluyendo algunos pigmentos.

A pesar de que los experimentos de Herrera no lograron la reproducción de los sulfobios ni proporcionaban criterios en torno al origen de las enzimas y el metabolismo, estas cuestiones estaban aún tan poco definidas en su tiempo, que difícilmente hubiera podido ni siquiera plantearlas. Por otra parte, aun cuando es poco probable que los sulfobios y los colpoides, otros modelos precelulares sugeridos por Herrera, representen efectivamente estructuras que hayan antecedido a las primeras células, ciertamente son un ejemplo de un nivel de organización de la materia a partir de grados más sencillos, y en este sentido son de interés histórico. Así, las contribuciones de Herrera adquieren importancia filosófica y metodológica, al atacar el problema del origen de la vida desde un punto de vista estrictamente materialista y también por haber sido el primer investigador contemporáneo que utilizó sustancias que no eran de origen biológico y cuya importancia prebiológica no ha sido comprendida sino hasta muy recientemente.

5.5 EL ORIGEN DE LAS MEMBRANAS

El estudio de los posibles precursores de las células demuestra la importancia de aislar el interior de las gotas de coacervados o de las microesférulas del medio externo, permitiendo al mismo tiempo el intercambio de materia y energía. Este tipo de funciones, junto con otras más complejas, las realizan actualmente las membranas biológicas, y están directamente relacionadas con su estructura misma.

En general, se podría afirmar que la existencia de una frontera entre dos fases físicas diferentes, por ejemplo, el interior acuoso de un coacervado y la matriz líquida externa, implica la formación de una región de composición química y de estructura molecular características. Éste es un fenómeno que se presenta espontáneamente en el momento en que un sistema cualquiera surge teniendo una frontera de fases o de interfases, y lleva a la formación de una membrana.

Sin embargo, las membranas celulares no solamente separan el interior celular del medio externo, sino que dividen al primero en diferentes zonas de diversas características físicas y químicas.

La naturaleza de las membranas que se forman en las estructuras precelulares depende de las moléculas presentes, tales como lípidos, proteínas, polisacáridos o polinucleótidos, y de las características de la interfase donde se acumulan las moléculas. En un coacervado, por ejemplo, la membrana primitiva que se forma no es químicamente diferente a ninguna de las moléculas presentes, pero su organización sí presenta características propias.

Al formarse los sistemas precelulares en la Tierra primitiva, algunas proteínas, grasas o carbohidratos presentes en las lagunas y pequeños charcos pudieron haberse convertido en el material de donde surgieron las primeras membranas, también precelulares. Estas moléculas se pudieron haber organizado espontáneamente en una red estructural alrededor de una gotita rica en compuestos orgánicos. Suponemos que este proceso en efecto se llevó a cabo, ya que es fácil observar cómo muchas proteínas se precipitan en soluciones y forman gránulos sólidos o fibrillas relativamente complejas. Por otra parte, las mezclas de proteínas o los complejos de proteínas-grasas pueden formar capas en la superficie de una solución, una propiedad que también muestran algunos polisacáridos como la celulosa. Es razonable suponer que de procesos similares biológicas que separarían el medio externo del interno y subdividirían, a su vez, a éste último.

Otra idea que se ha sugerido es que en los mares primitivos existía una acumulación de lípidos o de hidrocarburos que se encontraba en la superficie de las aguas. Por efecto de las olas y el viento, se pudieron haber colapsado, formando así gotitas que poseían una membrana doble, y en cuyo interior la acumulación progresiva de sustancias orgánicas podría haber llevado a la interacción química de éstas y con el medio ambiente.

Las primeras membranas que surgieron en los sistemas precelu-

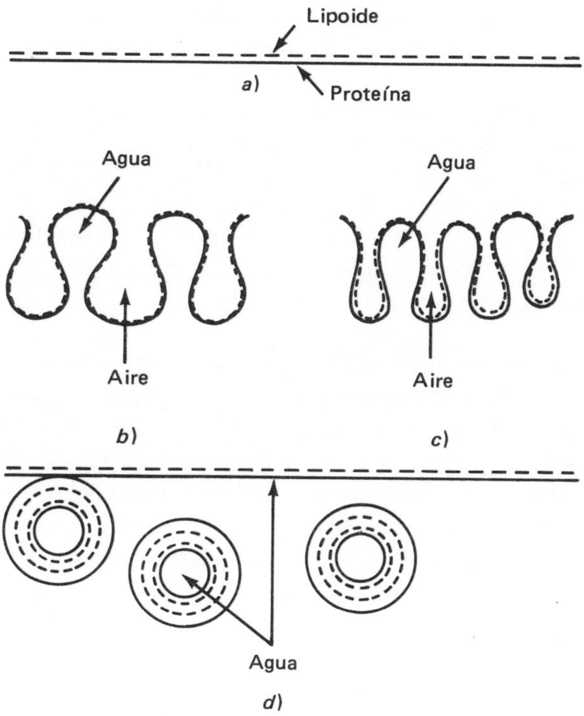

Fig. 5.6. Un modelo propuesto para la formación de gotitas de una solución proteica rodeadas por una capa de lípidos.

lares en los mares primitivos no únicamente aislaban el interior de los sistemas polimoleculares del medio externo, sino que permitieron el intercambio de materia y energía entre ambos, sirviendo al mismo tiempo como un medio sustentador donde las macromoléculas interaccionaban entre sí, dando lugar a niveles más complejos de organización que permitirían la aparición posterior de los primeros seres vivos.

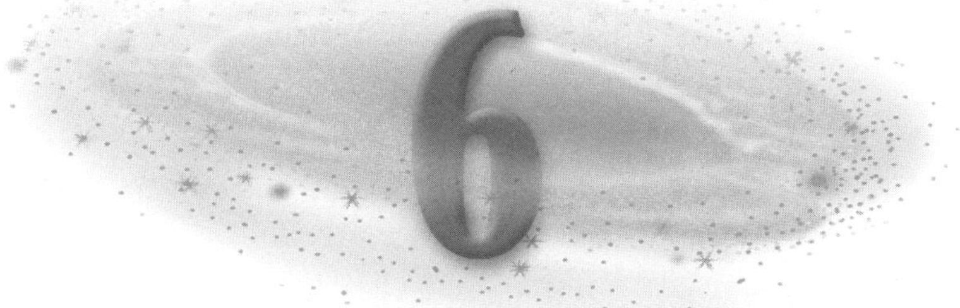

6
Los primeros seres vivos

6.1 EL ORIGEN DEL CÓDIGO GENÉTICO

Todos los seres vivos en la Tierra poseen dos tipos fundamentales de moléculas, sin las cuales no podemos imaginarnos la existencia de sistemas vigentes: las proteínas y los ácidos nucleicos. En particular, la compleja molécula de DNA, cuya estructura de doble hélice conocemos gracias a los trabajos de Wilkins, Watson y Crik, es el centro coordinador de un conjunto de complicadas reacciones químicas que permiten el mantenimiento de la vida y la evolución de los organismos.

La molécula de DNA posee dos características fundamentales: en primer lugar, el ordenamiento de los monómeros que la forman es específico y característico para cada tipo de organismos y aun para cada organismo. Esta propiedad determina, a su vez, la secuencia de los aminoácidos en las proteínas que va a sintetizar el organismo. Esto ocurre mediante una serie complicada de pasos que involucra la presencia de un "mensajero", que no es sino una molécula que a su vez posee un ordenamiento de monómeros que son complementarios a los del DNA, y que trasmiten a los lugares de la célula donde se sintetizan las proteínas. A medida que éstas se van formando, cada serie de tres mononucleótidos presentes en el mensajero (complementarios a los de la molécula de DNA) va especificando la posición de un aminoácido particular en la proteína que está siendo sintetizada.

Este proceso que hemos descrito ocurre cada vez que una proteína es sintetizada, de manera que la estructura y la función que cada una de ellas presenta en la célula está determinada por la secuencia de las bases nitrogenadas que forman la molécula de DNA.

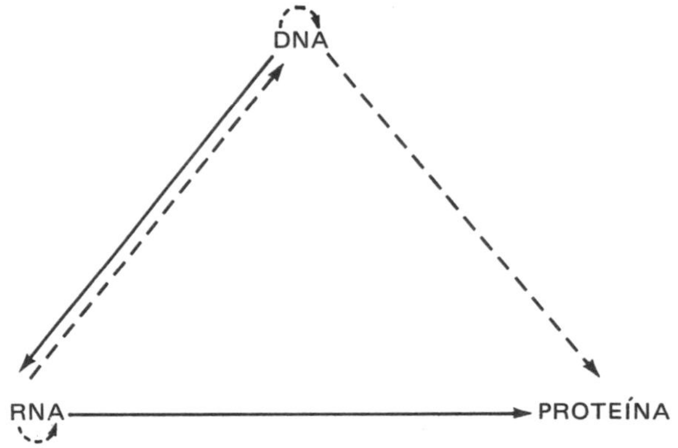

Fig. 6.1. El papel de los ácidos nucleicos en la síntesis de las proteínas. (Las flechas discontinuas indican los flujos de información prohibidos.)

En segundo lugar, la molécula de DNA puede producir copias de sí misma, garantizando la continuidad genética a medida que los organismos se van reproduciendo, al transmitir a sus descendientes la información necesaria para la síntesis de sus propias proteínas. Sin embargo, durante este proceso pueden ocurrir cambios en la molécula de DNA que se ha autocopiado. De este modo, la información que se transmite es alterada, produciendo mutaciones que permiten la eventual evolución de los sistemas biológicos.

Sin embargo, la transmisión de la información de la molécula de DNA al mensajero, y la formación de las réplicas de la propia molécula de DNA, no pueden ocurrir sin la participación de enzimas específicas y de ciertas fuentes de energía. Aparentemente, ni las proteínas ni los ácidos nucleicos, en forma aislada, cumplen con todos los requisitos que debió haber tenido un sistema que precediera a los primeros organismos.

Esta situación plantea un problema para el cual aún no existe una respuesta definitiva: la del origen de la relación funcional entre las cadenas de polinucleótidos con las de polipéptidos.

Algunos experimentos empiezan a arrojar luz acerca de este problema, indicando tal vez caminos por los cuales los ácidos nucleicos pueden haber surgido abióticamente. Se ha logrado demostrar experimentalmente que algunas de las reacciones que llevan a cabo la síntesis de la molécula de DNA se pueden producir en tubos de ensayo, fuera de las células. Mezclando ciertas enzimas extraídas de células, con un polinucleótido pequeño y en presencia de moléculas energéticas como algunos trifosfatos, el polinucleótido crece, aumentando de tamaño y en complejidad estructural.

En otros experimentos, en cambio, se ha logrado sintetizar polinucleótidos, a temperaturas ligeramente mayores que la del am-

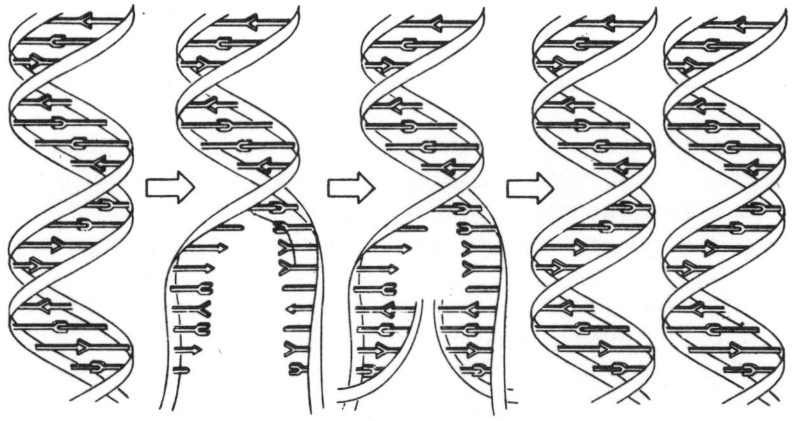

Fig. 6.2. Replicación de la molécula de DNA.

biente, en presencia de fosfatos. Calentando uridina, un nucleótido que puede ser obtenido abióticamente, se han logrado obtener cadenas de dos, tres y quizás hasta cuatro nucleótidos, siempre en presencia de fosfatos. Es razonable suponer que este tipo de reacciones ocurrieron en la Tierra primitiva y dieron lugar a los primeros polinucleótidos, que seguramente eran tan sencillos que estaban constituidos por unas cuantas unidades.

Estas reacciones pudieron haber ocurrido en el interior de los protobiontes, los sistemas precelulares más complejos, en presencia de moléculas donadoras de energía como la del ATP, que podrían proporcionar simultáneamente el fosfato necesario para la formación de los nucleótidos.

Existe un problema fundamental aún por resolver: el del origen de la relación entre los aminoácidos y los nucleótidos. La interacción entre ambos tipos de moléculas debe haber tenido lugar, muy rápidamente, durante los procesos de evolución química, dando así origen a códigos genéticos muy simples, compuestos por ejemplo de sólo dos bases, y cuya complejidad fue aumentando con el tiempo. Este problema, sin embargo, aún tiene muchas interrogantes para las cuales no existen respuestas definitivas.

6.2 DE PROTOBIONTES A EUBIONTES

La aparición de sistemas polimoleculares cada vez más complejos condujo con toda seguridad a un número muy grande de estructuras precelulares que se diferenciaban entre sí por su grado de organización interna, por el tipo de sustancias que los conformaban y por su estabilidad. Todos ellos, sin embargo, tenían una propiedad en común, fundamental para su evolución: eran sistemas abiertos, capaces de intercambiar constantemente materia y energía con el medio ambiente, creciendo y fragmentándose a menudo en otros sistemas similares. Este nuevo nivel de organización de la materia llevó a la aparición de lo que Oparin ha llamado los *protobiontes*, es decir, de los sistemas precelulares que en el curso de millones de años fueron adquiriendo gradualmente las características de complejidad que les permitieron convertirse en los antecesores directos de los primeros seres vivos.

Ciertamente, los protobiontes estaban sujetos a procesos de selección. Las diferencias existentes entre ellos permitían que únicamente los más resistentes a las condiciones del medio subsistieran, en tanto que los que no lo lograban se desintegraban reincorporando el material orgánico que contenían a los mares primitivos.

Por otra parte, la constante actividad geológica provocaba que surgieran y se sumergieran tierras en la hidrósfera primitiva; este tipo de procesos conducía a que se dieran reacciones de condensación, formación de sistemas precelulares y la subsecuente aparición de protobiontes en muchas partes del globo. Dentro de esta gran variedad y número de protobiontes se daba una competencia que permitía la subsistencia de los más organizados internamente, y la desaparición irremediable de los menos evolucionados.

La aparición de algunos protobiontes en cuyo interior las relaciones entre los polinucleótidos y los polipéptidos favorecían la adquisición del material orgánico del medio ambiente, su síntesis interna y más importante aún, la transmisión de esta información a sus descendientes formados por fragmentación u otros procesos igualmente sencillos, llevó seguramente a la desaparición de los protobiontes más simples que únicamente se habían formado de proteinoides o proteínas, pero que carecían de polinucleótidos o de ácidos nucleicos.

De la evolución de estos protobiontes más complejos surgieron los primeros seres vivos, que el propio Oparin llamó *eubiontes*. Extremadamente primitivos y sencillos, eran sin embargo capaces de transmitir la información sobre su estructura interna y sobre su grado de organización funcional a sus descendientes, gracias a la presencia de compuestos polimerizados, altamente organizados, que eran los precursores de los más complejos aún ácidos nucleicos contemporáneos.

Estos primeros seres vivos, unicelulares y extremadamente simples, si los comparamos con los organismos actuales, crecían absorbiendo substancias orgánicas del medio ambiente, y al producir duplicados de los ácidos nucleicos que contenían y de otros materiales sintetizados en forma análoga, incrementaban su tamaño, creciendo hasta volverse inestables y se fragmentaban en otros más pequeños, pero que contenían muchas de las características de sus progenitores y que a su vez podían seguir creciendo, utilizando para ello la energía contenida en moléculas tales como la cianamida o los polifosfatos orgánicos disueltos en los mares primitivos. Había aparecido la vida sobre el planeta.

6.3 EL CASO DE LOS VIRUS

El estudio de los virus ha demostrado que en su mayoría no son sino pequeñas cápsulas de proteínas que rodean una molécula de un ácido nucleico; este tipo de estructura, aparentemente tan simple, ha llevado a algunos a sugerir que los virus son los representantes contemporáneos de los primeros organismos que aparecieron en la Tierra.

Al pequeñísimo tamaño de los virus, que permite verlos únicamente al microscopio electrónico, y a su simplicidad estructural, hay que agregar una propiedad igualmente sorprendente: las soluciones virales se pueden cristalizar y permanecer inertes por años. Pero cuando los cristales se disuelven en agua y se ponen en contacto con células vivas, los virus las pueden infestar inmediatamente.

Sin embargo, los virus carecen de las moléculas que proveen la energía necesaria para las reacciones químicas que ocurren en los seres vivos. Tampoco tienen los nucleótidos y los aminoácidos libres con los cuales los organismos se pueden reproducir y sintetizar proteínas y ácidos nucleicos.

Para poder multiplicarse, los virus necesitan infectar células, disolviendo una parte pequeña de la pared celular e inyectando, a través de esta abertura, su DNA al interior celular. El DNA viral, aunque puede llegar a permanecer inerte un cierto tiempo, generalmente una vez que se encuentra en el citoplasma, utiliza los nucleó-

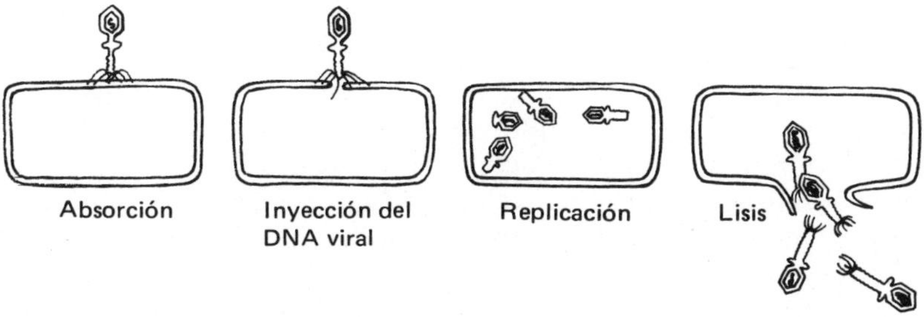

Fig. 6.3. Replicación de un virus.

tidos que flotan en el interior de la célula y se replica, formando moléculas de DNA viral que luego se rodean de proteínas. Finalmente, disuelven la pared celular y escapan al exterior, donde podrán infectar otras células repitiendo este proceso.

Los virus no se pueden reproducir en ausencia de células que puedan infectar. Por ello, es poco probable que hayan sido los primeros seres vivos sobre el planeta, ya que en un sentido estricto, solamente están "vivos" al infectar células ya existentes. A pesar de que algunos han propuesto que los virus no son sino bacterias que en el curso de la evolución biológica han adquirido su simplicidad característica, convirtiéndose en parásitos altamente especializados, es posible que su origen sea otro.

En los primeros eubiontes, los ácidos nucleicos primitivos seguramente se encontraban dispersos en el interior celular, o a lo sumo formaban pequeños agregados como los que se encuentran en algunos organismos unicelulares primitivos que existen hoy en día. Cuando alguno de los eubiontes desaparecía, su contenido se dispersaba libremente en el medio ambiente líquido en que se encontraban. Estos agregados de ácidos nucleicos, fuera de las células, no podían realizar ninguna actividad biológica. Pero al ser absorbidos por otros eubiontes, se reactivaban nuevamente, comportándose quizás como los virus contemporáneos.

Estos procesos pudieron tener un significado adicional para los eubiontes así "infectados": la adquisición de material genético proveniente de otras células seguramente podría influir, al menos en ciertos casos, en su evolución posterior.

6.4 LOS FÓSILES MÁS ANTIGUOS

El estudio de las rocas sedimentarias del Precámbrico ha permitido reconstruir parte de la historia de los inicios de la vida en nuestro planeta. No ha sido ésta una tarea fácil: muy pocos de los sedimentos de mayor antigüedad han escapado a las alteraciones a que está sujeta la corteza terrestre por acción de los procesos geológicos que la transforman constantemente.

A pesar de ello, los trabajos de los micropaleontólogos, entre los que destacan Tyler, Barghoorn y Schopf, han logrado demostrar la existencia de fósiles microscópicos en rocas sedimentarias precámbricas localizadas en la formación de *Fig Tree*, en el África del Sur, y que tienen una edad de aproximadamente tres mil doscientos millones de años.

Al estudiar con el microscopio electrónico muestras provenientes de estas formaciones geológicas, se logró determinar la

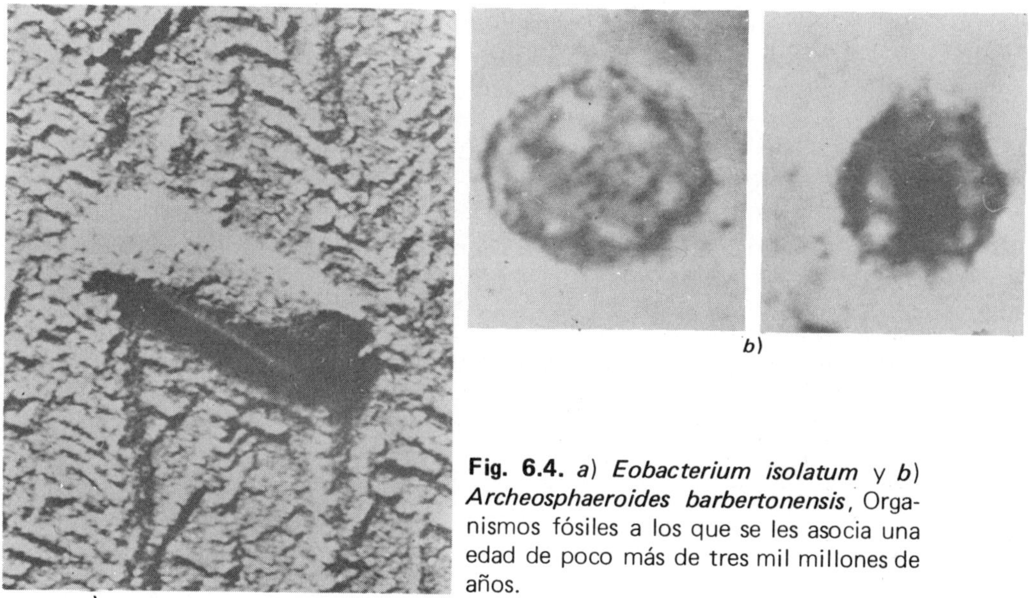

a) b)

Fig. 6.4. *a) Eobacterium isolatum* y *b) Archeosphaeroides barbertonensis*, Organismos fósiles a los que se les asocia una edad de poco más de tres mil millones de años.

presencia de fósiles morfológicos de unos organismos muy semejantes en forma y tamaño a algunas bacterias contemporáneas. En estos fósiles de organismos unicelulares, que han recibido el nombre de *Eobacterium isolatum*, se ha logrado estudiar y describir, incluso, parte de la pared celular.

Junto con *E. isolatum* se encontraron otros fósiles, también de organismos unicelulares, de forma aproximadamente esférica, de diámetros de entre 17 y 20 micras y que muestran un parecido morfológico con algas verde-azules contemporáneas, que a su vez son organismos muy primitivos. Estos fósiles esféricos han recibido el nombre de *Archeosphaeroides barbetonensis* y demuestran que hace tres mil millones de años ya existía vida sobre nuestro planeta.

Asociadas con estos microfósiles se han logrado determinar también estructuras filamentosas ricas en material orgánico, que carecen de una forma que permitiera caracterizarlas como restos de seres vivos. Esto ha llevado a suponer a algunos autores que tal vez se trate de restos de material orgánico polimerizado presentes en la sopa primitiva y de los cuales también existe entonces el registro fósil.

Por otra parte, en estos mismos yacimientos de Fig-Tree se ha logrado determinar la existencia de los llamados *fósiles moleculares*, que no son sino pequeñas cantidades de compuestos orgánicos tales como porfirinas y aminoácidos, sobre todo de la forma L, que quizá alguna vez formaron parte de microorganismos que se destruyeron. A pesar de que existe el problema de la contaminación por compuestos orgánicos contemporáneos y que algunos han sugerido que dichos fósiles moleculares tal vez sean de origen abiótico, existen indicios que sugieren que, en efecto, estas moléculas alguna vez intervinieron en los primeros procesos biológicos que ocurrieron en nuestro planeta.

7

De heterótrofos a autótrofos

7.1 LA APARICIÓN DE LOS AUTÓTROFOS

Los primeros seres vivos que aparecieron en la Tierra eran seguramente muy similares a los organismos unicelulares más primitivos que existen actualmente, tales como las bacterias y las algas verde-azules. Tenían, sin embargo, un rasgo distinto: con seguridad eran heterótrofos; es decir, no fabricaban sus propios alimentos, sino que los tomaban ya elaborados de la gran cantidad de materia orgánica disuelta en los mares primitivos, y que se había formado abióticamente.

Estas sustancias, incorporadas al interior de las primeras células, eran utilizadas para obtener energía aprovechable biológicamente por medio de la *fermentación anaerobia*, un proceso que es poco eficiente desde un punto de vista energético. Seguramente en forma similar a como la realizan algunas bacterias contemporáneas, como las responsables de la gangrena, eran capaces de fermentar muchos tipos de carbohidratos; pronto se dio, por un proceso de evolución biológica, un gran salto, al aparecer bacterias que eran capaces de incorporar el dióxido de carbono (CO_2) presente en la atmósfera a compuestos reducidos de origen metabólico utilizando para ello el ácido sulfhídrico (H_2S) atmosférico mediante procesos fotosintéticos primitivos. Aparecieron después bacterias que utilizaban las moléculas de sulfatos, mucho más energéticas, liberando a su vez el H_2S como un producto secundario.

Estos primeros organismos, al vivir en un medio en que no existía el oxígeno libre sino en cantidades verdaderamente minúsculas, desarrollaron vías metabólicas en las que la incorporación de este elemento, que posee una gran reactividad, les hubiera causado daños irreparables. La ausencia del oxígeno libre en la atmósfera provocaba a su vez que la radiación ultravioleta de origen solar penetrase libremente en la Tierra, y seguramente actuaba como un factor importante de selección, dañando seriamente a muchos organismos y causando alteraciones en sus primitivos códigos genéticos.

Se desarrollaron así diversos tipos de organismos, en los cuales existían mecanismos capaces de reparar los daños que podría sufrir el DNA, debido a la presencia de radiación ionizante. Otros más pudieron utilizar el nitrógeno atmosférico para la síntesis de aminoácidos y otros compuestos orgánicos nitrogenados.

Eventualmente, en el curso de la evolución biológica aparecieron bacterias que sintetizaban, como subproductos de su metabolismo, porfirinas que iban acumulando en su interior. Las porfirinas, que también se pudieron haber formado abióticamente, tienen una propiedad fundamental: son capaces de absorber la luz visible, lo cual condujo a la aparición de bacterias propiamente fotosintéticas, que eran capaces de producir, mediante procesos fotoquímicos, compuestos orgánicos reducidos a partir del dióxido de carbono.

Estos primeros organismos fotosintéticos probablemente utilizaban para reducir el CO_2 el hidrógeno presente en compuestos como el H_2S o bien tomándolo del hidrógeno molecular o de compuestos orgánicos presentes en la atmósfera reductora.

El siguiente paso importante en la evolución biológica fue el desarrollo del ciclo de Krebs, el proceso de respiración que produce la molécula de ATP. Es razonable suponer que en los organismos primitivos apareció pues la fotofosforilización; es decir, la capacidad de producir compuestos como el ATP a partir de procesos químicos en los que la luz jugaba un papel importante. La presencia de ATP así formado, pudo haber permitido la transformación de los compuestos orgánicos simples disueltos en los mares primitivos en otros más complejos. De la transformación de acetatos o formatos, obtenidos a su vez a partir de ácidos acético y fórmico, se pudo haber formado glucosa, en un proceso en el cual se utilizaría la energía de la molécula de ATP:

$$3\,CH_3COOH + \text{energía} \longrightarrow C_6H_{12}O_6$$

$$12\,HCOOH + \text{energía} \longrightarrow C_6H_{12}O_6 + 6CO_2 + 6H_2O$$

Todos los procesos fotosintéticos que se llevan a cabo en los diferentes organismos, tienen en común la producción de la molécula de ATP utilizando la energía luminosa, pero varían respecto a las substancias que utilizan como donadores del hidrógeno. A partir de los primeros organismos fotosintéticos que habían aparecido, pronto evolucionaron formas más complejas que utilizaban, como donadora del hidrógeno (reductor), la molécula de agua.

La utilización del agua como un agente reductor, es un meca-

$$CO_2 + 2H_2O \xrightarrow{\text{Luz}} (HCHO)_n + O_2 + H_2O$$

nismo común a todas las plantas, que implica, además, la liberación de oxígeno. Este proceso que requiere igualmente de la energía solar, al parecer en la Tierra habría de provocar cambios profundos en los organismos y en la atmósfera misma del planeta.

Una vez que las moléculas de clorofila fueron sintetizadas en el interior de los organismos capaces de utilizar así el hidrógeno del agua, éstos fueron capaces de transformar la energía luminosa en energía química almacenada en moléculas de ATP que eran el resultado de reacciones cíclicas de fosforilación. Seguramente que en los primeros organismos que contenían precursores de las clorofilas contemporáneas, éstas se encontraban en pequeños agregados dispersos en la periferia de las células, como se encuentran los pigmentos fotosintéticos en algunas bacterias actuales.

7.2 LA TRANSFORMACIÓN DE LA ATMÓSFERA REDUCTORA

La aparición de organismos fotosintéticos que liberaban oxígeno provocó una serie de cambios fundamentales en la composición química de la atmósfera terrestre. Aunque algunas moléculas de agua eran fotodisociadas por la radiación ultravioleta, lo cual provoca la formación de una pequeña capa de ozono, la atmósfera tenía un carácter básicamente reductor, dado por la presencia de hidrógeno libre y compuestos hidrogenados. Sin embargo, como resultado de los procesos fotosintéticos que ocurrían en los organismos que contenían clorofila, hace unos tres mil millones de años se empezó a acumular lentamente el oxígeno libre en la atmósfera, transformándose de reductora a oxidante.

La presencia de oxígeno libre en la atmósfera de la Tierra habría de ser de gran importancia para la evolución de los organismos; al acumularse el oxígeno, se formó una capa cada vez más densa de ozono, que no es sino una molécula triatómica de oxígeno, y que posee la capacidad de absorber la radiación ultravioleta de longitud de onda más corta.

Probablemente las algas verdes-azules, antecesoras de las actuales cianofíceas, fueron las responsables de los primeros aportes

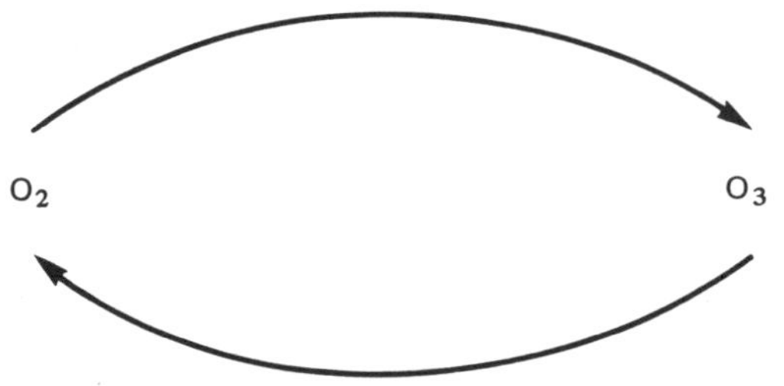

Fig. 7.1. Formación del ozono.

importantes de oxígeno libre. De todas las plantas, las cianofíceas son las más sencillas y, consideradas en grupo, son los organismos que tienen mayor capacidad para resistir los daños que la radiación ultravioleta puede causar a las células. Estas primeras algas, que seguramente compartieron un ancestro común con las bacterias fotosintéticas, eran capaces de formar capas de mucílagos o de concreciones calcáreas que les permitieran resistir los efectos de la radiación. Algunas de sus descendientes son capaces de vivir en zonas de actividad geológica donde hay temperaturas altas, lo cual parece apoyar la idea de que fueron de las primeras formas de vida sobre la Tierra.

Al formarse la capa de ozono en la Tierra primitiva y disminuir el flujo de radiación ultravioleta, que era la fuente principal de energía para la síntesis abiótica de compuestos orgánicos, los organismos heterótrofos existentes se encontraron con una fuerte presión de selección que seguramente provocó la desaparición de todos aquéllos que no habían desarrollado la capacidad de nutrirse a partir de los autótrofos o de los productos que éstos formaban. Pero

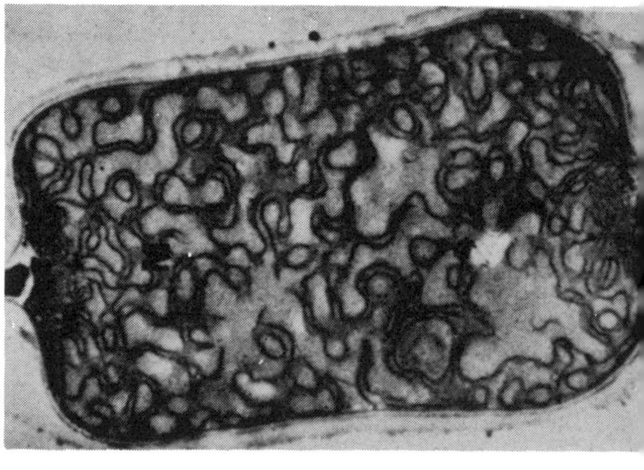

Fig. 7.2. *Anabaena cylindrica*, una cianofícea contemporánea.

por otra parte, la presencia de oxígeno libre provocó la desaparición de los organismos anaerobios estrictos que no fueron capaces de adaptarse a la atmósfera oxidante. Algunos de los organismos anaerobios se retiraron a microambientes donde el oxígeno libre existe en pequeñísimas cantidades, tales como algunos lodos, donde hasta la fecha podemos encontrar a sus descendientes. Por otra parte, se cree que seguramente existía un cierto tipo de bacteria que era capaz tanto de realizar fotosíntesis no basada en la reducción de sulfatos como de respirar oxígeno, y que evolucionó dando origen a las bacterias capaces de vivir en atmósferas oxidantes, que extraen 19 veces más energía de un substrato adecuado que la que obtenían las bacterias fermentativas más primitivas.

7.3 LA EVOLUCIÓN DEL METABOLISMO

Aunque los primeros seres vivos que surgieron en la Tierra eran muy sencillos, tanto estructural como funcionalmente, requerían de cualquier manera de un aparato catalítico, tal vez de origen abiótico inicialmente, capaz de regular las tasas de las reacciones químicas que formaban la base de su metabolismo. Sin embargo, en el curso de la evolución biológica fueron apareciendo sustancias cada vez más complejas y específicas, cuya presencia en un organismo implicaba un metabolismo más eficiente, y que podían ser transmitidas a los descendientes, que eran entonces más competentes que otros en las poblaciones primitivas, para sintetizar proteínas. Es decir, que como resultado de un cambio en la información genética de un organismo, aparecían mutaciones con ventajas selectivas que eran transmitidas a sus descendientes, de manera que las generaciones sucesivas tendrían una frecuencia cada vez mayor de la nueva capacidad metabólica.

A pesar de que en la actualidad existe una gran variedad de organismos, podemos encontrar algún nivel de metabolismo anaerobio en todas las células, o al menos algunas de las enzimas asociadas a éste, lo cual parece confirmar la suposición de que los primeros organismos eran anaerobios estrictos. Particularmente interesante es el caso de la *glicólisis*, un sistema que ocurre universalmente, y en el cual los carbohidratos son degradados a compuestos moleculares más sencillos.

Sin duda alguna los organismos heterótrofos primitivos utilizaron los compuestos orgánicos que se habían acumulado en la Tierra como resultado de las síntesis abióticas. Estos organismos deben haber poseído pocos genes, y por tanto pocas proteínas deben haber sido sintetizadas, de acuerdo con esta información genética. Pero aquellas poblaciones primitivas que vivieran en medios donde escasearan los metabolitos ya elaborados, sufrían una fuerte presión de selección que ciertamente favorecería a aquellos mutantes surgidos espontáneamente y con capacidad para manufacturar algunos compuestos a partir de otros más sencillos existentes a su alrededor. A medida que la vida se multiplicaba y se diversificaba, diferentes compuestos empezaban a faltar, debido a que las síntesis abióticas no preveían a las poblaciones crecientes de las substancias que requerían para su desarrollo. Así, cuando los miembros de cierta población necesitaban un compuesto dado, que era rápidamente agotado por el mismo crecimiento de la población, únicamente sobrevivirían aquellos organismos con capacidad para elaborar dicha sustancia a partir de un precursor inmediato, o de utilizar otra muy semejante.

Por otra parte, los sistemas fotosintéticos también sufrieron cambios evolutivos; todas las células fotosintéticas poseen una característica en común, la de producir ATP a partir de la utilización de ciertos precursores inorgánicos y de la energía radiante. Este proceso, conocido como la fotofosforilación, puede ocurrir como un ciclo de eventos químicos, pero también existe una variación no-cíclica, que aparentemente surgió después de la primera, en el curso de la evolución biológica.

Es posible suponer que la molécula de clorofila haya sido sintetizada abióticamente en la Tierra primitiva, a partir de compuestos de magnesio-porfirinas. Sin embargo, con el origen y la evolución de las primeras formas de vida, las mutaciones y la selección natural pudieron haber conducido a la síntesis de la molécula de clorofila en la cual una proteína se encuentra conjugada a un compuesto de magnesio-porfirina. Una vez que este tipo de molécula era producida en los organismos, éstos adquirían la capacidad de atrapar la energía luminosa y de convertirla a una forma química que quedaba almacenada en la molécula de ATP, que era el resultado de las reacciones de fotofosforilación cíclicas. Esto constituía una ventaja desde el punto de vista evolutivo para estos organismos, ya que la fotofosforilación es un mecanismo mucho más eficiente para producir ATP que los procesos fermentativos de metabolismo anaerobio que ocurrían en los primeros heterótrofos.

La liberación del oxígeno, como un subproducto de la fotofosforilación no cíclica, a la atmósfera de la Tierra, fue creando una nueva presión de selección que favorecería ahora a aquellos mutantes capaces de obtener energía, también metabolizando los productos de la degradación de la glucosa mediante mecanismos más eficientes que la simple fermentación. Debieron haber surgido en los seres vivos dos sistemas:

a) Un sistema capaz de movilizar los hidrogeniones, en lugar de perderlos como productos de reacción en sustancias no totalmen-

Tabla 7.1. Posible evolución del metabolismo.

	Metabolismo del carbón	*Metabolismo del nitrógeno*	*Producción de energía*
I	Utilización de compuestos orgánicos prebióticos	Utilización de compuestos orgánicos prebióticos y amoniaco	Utilización de reactivos polimerizantes prebióticos
II	Desarrollo de unas cuantas enzimas para realizar uno o dos pasos de síntesis bio	Utilización de compuestos orgánicos prebióticos y amoniaco	Reacciones de fermentación
III	Evolución bioquímica adicional	Reducción del N_2 a NH_3	Fotofosforilación; Fotorreducción con H_2S, H_2, etc.
IV	Evolución bioquímica adicional		Fotorreducción con liberación de O_2
V	Desarrollo de mecanismos para protegerse del O_2 y H_2O_2		Desarrollo de partes del proceso de fosforilación oxidativa
VI			Se completa el proceso de fosforilación oxidativa
VII	Desarrollo de los organismos eucariontes		Fosforilación oxidativa

te oxidadas, tales como los alcoholes, que eran el resultado de la fermentación; y

b) Un sistema que permitiera activar al oxígeno como el aceptor final de los hidrogeniones, liberando agua como resultado.

La aparición de organismos con estos dos sistemas acoplados a las reacciones que producen ATP en mayor abundancia que la fermentación, marcó el inicio de la *respiración aerobia*. Estos organismos tenían mayores ventajas evolutivas, entre las cuales hay que mencionar que la respiración aerobia es un mecanismo más eficiente de liberación de oxígeno y de utilización de compuestos orgánicos que la fermentación misma. Permite además que el organismo disponga de mayores cantidades de energía biológicamente útil y de los compuestos necesarios para su crecimiento y proliferación, que los que se obtienen a partir de las vías metabólicas más lentas y menos eficientes de la fermentación. Igualmente importante es el hecho de que se libera agua, y no los alcoholes o los ácidos que son productos de la fermentación y que son tóxicos.

Pocas especies contemporáneas son exclusivas o principalmente anaerobias, pero muchas reacciones anaerobias caracterizan a las células modernas. Es poco probable que la vida se hubiera podido desarrollar en tierra, y aun en el agua, si no se hubieran aparecido vías metabólicas para la producción y el almacenamiento de la energía química, un componente esencial para las diversas formas de vida.

7.4 LA EVIDENCIA FÓSIL

Los resultados de las investigaciones que Barghoorm y sus colaboradores han desarrollado trabajando en rocas sedimentarias provenientes de la llamada formación *Gunflint*, en Canadá, aportan evidencias concretas sobre la evolución de los organismos fotosintéticos durante el periodo precámbrico.

Al analizar muestras de la formación Gunflint, que tiene una edad de aproximadamente dos mil millones de años, han logrado identificar una gran variedad de fósiles muy similares a algunas algas verde-azules contemporáneas, sobre todo las pertenecientes a los géneros *Oscillatoria* y *Lyngbya*. La mayor parte de los fósiles encontrados en esta formación, son estructuras filamentosas que llegan a tener hasta varios cientos de micras de largo y en las cuales es posible distinguir estructuras internas como tabiques de separación. Algunos fósiles asociados a estas estructuras son de forma esférica; tal vez representen cianofíceas unicelulares, aunque algunos autores piensan que podría tratarse de las endoesporas fosilizadas de las formas filamentosas.

En la misma formación Gunflint se han encontrado microfósiles de bacterias, algunas de ellas semejantes al género contemporáneo *Crenothrix*, que posee un metabolismo ferro-reductor. Por otra parte, los análisis químicos de esta formación han revelado la existencia de material orgánico probablemente formado por procesos fotosintéticos y en particular se ha demostrado la presencia de fitano y pristano, dos productos que resultan de la degradación de la molécula de clorofila y que se encuentran actualmente en bacterias y aun en muchas especies animales.

Entre los diferentes grupos de organismos encontrados en la formación Gunflint existe una especie particularmente interesante, *Kakabekia umbellata*, que agrupa individuos con un tamaño que oscila entre 10 y 30 micras, formados por un pequeño bulbo inferior del cual surge una columnita que remata en una estructura semejante a una sombrilla.

Al poco tiempo que el descubrimiento de *Kakabekia umbellata* apareció en la literatura científica, un microbiólogo, S. M. Siegel, hizo notar el extraordinario parecido que guarda con un microorganismo edafícola que él había descubierto, y que únicamente es capaz de subsistir en suelos ricos en amoniaco, además de carecer de núcleo y de clorofila y de mostrar un crecimiento lento.

No es posible afirmar que el microorganismo contemporáneo descienda directamente de *Kakabekia umbellata*; sin embargo, el parecido que guardan entre sí es extraordinario y eventualmente puede conducir a algunas conclusiones sobre su posible evolución.

La Tierra había sufrido un cambio sustancial en la composición química de su atmósfera cuando quedaron depositados los sedi-

Fig. 7.3. *a*) ***Archaeorestis schreiberensis,*** un alga fósil de dos mil millones de años de antigüedad, de la formación Gunflint (Canadá) y *b*) Bacterias fósiles de la misma formación.

a)

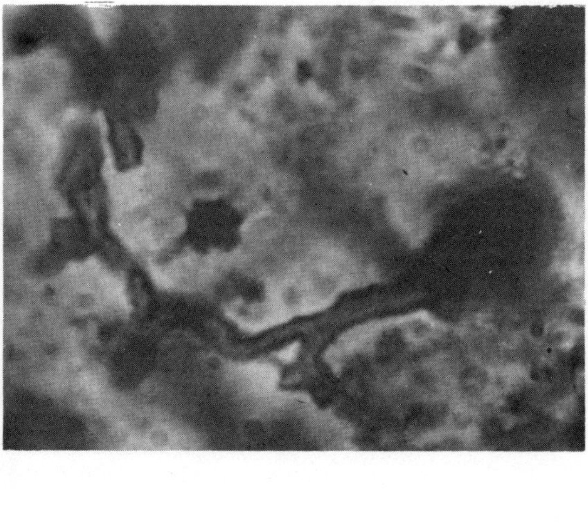

b)

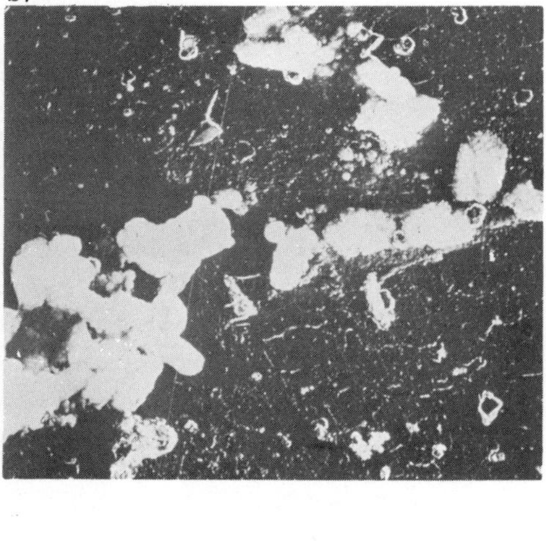

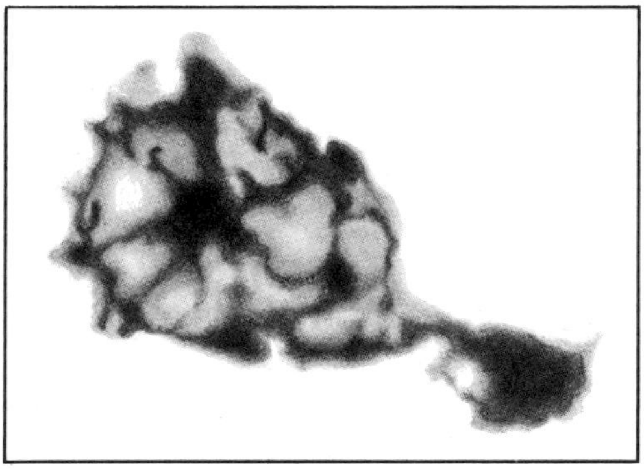

Fig. 7.4. *Kakabekia umbellata*, otro organismo fósil de la formación Gunflint.

mentos que ahora constituyen la formación Gunflint. Este cambio, que fue el resultado de la actividad biológica, está asociado con una variedad de formas y por tanto quizás de funciones, en los fósiles de organismos de hace dos mil millones de años que encontramos en la formación Gunflint, que muestran la extraordinaria diversidad que ya existía para entonces entre los seres vivos y el surgimiento de formas de organización como las representadas por los filamentos de algas fósiles, que habrían de conducir a niveles de mayor complejidad biológica.

años antes del presente			
0.6×10^9			PALEOZOICO
1×10^9 2×10^9	Células eucariontes (reproducción sexual)	Formación Bitter Springs: bacterias, cianofíceas, algas verdes, hongos (?)	PRECÁMBRICO SUPERIOR
3×10^9	AUTÓTROFOS (FOTOSÍNTESIS)	Formación Gunflint: bacterias y cianofíceas filamentosas y unicelulares	PRECÁMBRICO MEDIO
	Células procariontes Heterótrofos	Formación Fig Tree: bacterias y cianofíceas unicelulares	PRECÁMBRICO INFERIOR
4.0×10^9	Evolución Química		
4.5×10^9	FORMACIÓN DE LA TIERRA		

Fig. 7.5. La evolución biológica en la era precámbrica.

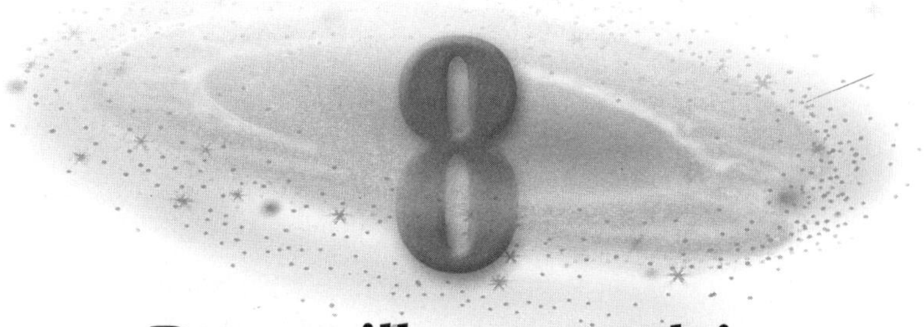

De sencillo a complejo

8.1 PROCARIONTES Y EUCARIONTES

Con la excepción de los virus, que podríamos llamar acelulares, todos los organismos terrestres pertenecen a una u otra de estas dos categorías: la de los organismos formados por células que carecen de núcleo, llamados *procariontes*, o bien la de los formados por células que poseen un núcleo, o sea los *eucariontes*.

Esta distinción entre dos grupos de seres vivos, cuya importancia evolutiva ha sido comprendida apenas recientemente, en opinión de muchos biólogos, tiene un significado mayor que la separación de los organismos en plantas y animales, que era la base de los esquemas tradicionales de clasificación.

Ambos tipos de organismos pueden estar representados por formas unicelulares o pluricelulares; aunque los procariontes nunca llegan a alcanzar la complejidad y el tamaño de los eucariontes pluricelulares. De hecho, los procariontes típicos, como las bacterias y las cianofíceas, son organismos simples, en los cuales las moléculas de DNA se encuentran mezcladas con el resto del material del citoplasma, en el cual no existen mitocondrias, cloroplastos ni estructuras ciliares complejas. Las células procariontes, de dimensiones reducidas, se nutren básicamente por absorción de material, aunque existe un número considerable de bacterias fotosintéticas y de algas verde-azules; en general, las procariontes se reproducen por fisión o por otros mecanismos igualmente sencillos.

Las células eucariontes, en cambio, tienen una membrana nuclear que rodea dos o más cromosomas; así, el núcleo se encuentra compartamentalizado dentro de la célula y es el sitio donde se encuentra el material genético fundamental del organismo. En las eucariontes existe una complejidad estructural interna que se refle-

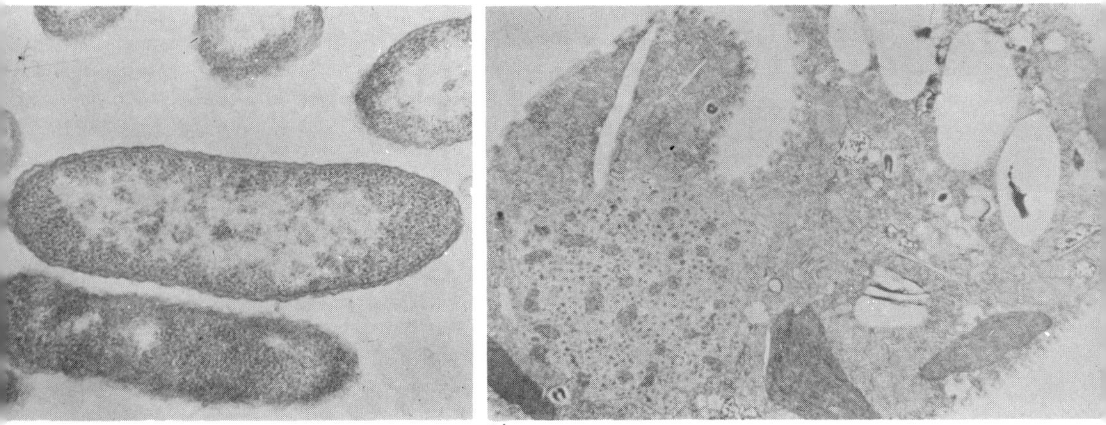

b)

Fig. 8.1. *a) Pseudomonas sp.*, una célula bacteriana (procarionte) y *b) Euglena sp.*, una célula eucarionte.

ja en la presencia de numerosos tipos de organelos, tales como mitocondrias, cloroplastos en las células vegetales, lisosomas, retículo endoplásmico y otros; además, poseen sistemas ciliares o flagelos más complicados que los que llegan a presentar las células procariontes.

Las células eucariontes presentan otras diferencias importantes respecto de las procariontes, tales como un tamaño típicamente mayor, nutrición por absorción, ingestión o bien por fotosíntesis, reproducción por mitosis y la meiosis, que implica la fusión nuclear total de los genomas de las gametas.

Toda la evidencia indica que los primeros organismos que aparecieron en la Tierra fueron procariontes y que a partir de ellos evolucionaron los eucariontes. Nuevamente, los hallazgos de los micropaleontólogos vienen a aportar datos que permiten reconstruir parte de este proceso. El estudio de la formación precámbrica de *Bitter Springs*, localizada en Australia, y que tiene una edad aproximada de mil millones de años, ha demostrado que ya para entonces existían en la Tierra, además de cianofíceas filamentosas semejantes a *Oscillatoria* y a *Nostoc*, también restos de algas verdes, que a diferencia de las verdeazules, son eucariontes. De esta manera, podemos estar seguros de que hace mil millones de años ya existían en los mares primitivos organismos potencialmente capaces de reproducción sexual o, al menos, con un núcleo definido. En el caso de *Glenobotrydion aenigmatis*, una de las algas verdes unicelulares que se encuentran entre los fósiles de Bitter Springs, ha sido posible, incluso, reconstruir parcialmente los

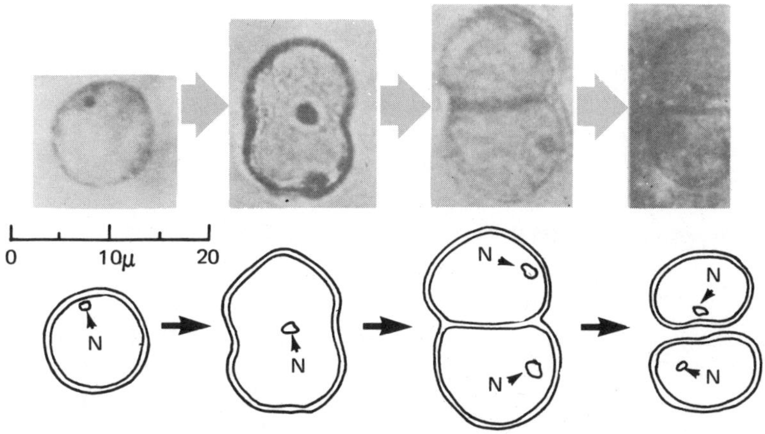

Fig. 8.2. La división celular en varios individuos fósiles del alga verde ***Glenobotrydion,*** con una edad de aproximadamente mil millones de años. (Formación Bitter Springs, Australia.)

diferentes pasos de su división celular; para ello se han utilizado individuos que se fosilizaron en diferentes estadios de este proceso.

Toda esta evidencia fósil ha llevado a Schopf y Oehler a proponer recientemente que los primeros organismos eucariontes pudieron haber aparecido hace unos 1 400 millones de años; sin embargo, aún no es claro cómo pudo haber ocurrido este paso de gran importancia evolutiva; para explicar el origen de las células eucariontes se han propuesto varias teorías. Una de ellas, quizá la más clásica, sostiene que las eucariontes se originaron a partir de mutaciones sufridas por las células procariontes, en las cuales la duplicación del genoma, en contacto con partes de la membrana celular que luego se invaginaron (aunque existe una variante que sostiene la idea de una evaginación), formó estructuras de doble membrana,

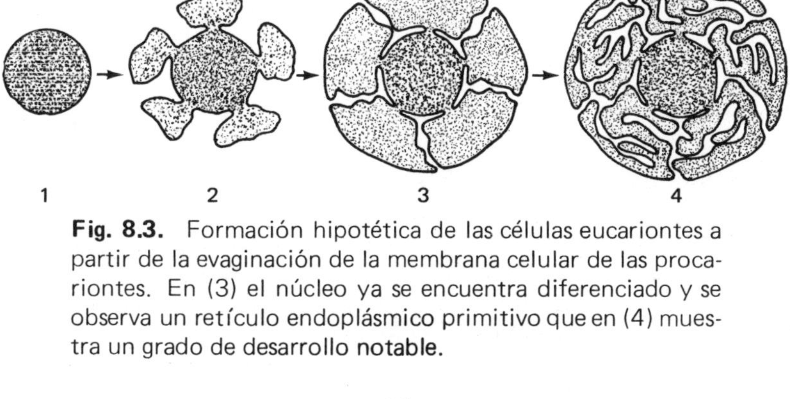

Fig. 8.3. Formación hipotética de las células eucariontes a partir de la evaginación de la membrana celular de las procariontes. En (3) el núcleo ya se encuentra diferenciado y se observa un retículo endoplásmico primitivo que en (4) muestra un grado de desarrollo notable.

dentro de las cuales quedó aislado parte del genoma original, que luego perdería parte de la información que contenía para sufrir un proceso de especialización; así se explica la presencia del DNA en cloroplastos y mitocondrias, independiente del DNA contenido en el núcleo de los organismos eucariontes.

8.2 LA TEORÍA SIMBIÓTICA DE LA EVOLUCIÓN

Lynn Margulis, en cambio, ha sugerido una alternativa radicalmente diferente respecto de la teoría que sostiene que las células eucariontes evolucionaron de una especie procarionte por procesos de diferenciación intracelular. Basándose también en el hecho de que existe material genético en cloroplastos y mitocondrias que es independiente del contenido en el núcleo, Margulis ha propuesto que estos organelos eran en realidad organismos procariontes independientes que vivían en ámbitos cercanos y que entraron en simbiosis dando origen a las células eucariontes.

Esta teoría sugiere que los cloroplastos, las mitocondrias y los flagelos de las células eucariontes no son sino los remanentes de procariontes que se simplificaron a lo largo de un proceso de endosimbiosis. Margulis ha supuesto que la secuencia de los eventos que condujeron a la aparición de los eucariontes estuvo precedida por la presencia, en la Tierra primitiva, de procariontes ancestrales entre los cuales existían formas heterotróficas y otras fotoautotróficas. Prosigue diciendo que un procarionte amiboideo engulló, sin digerirlo, un organismo procarionte de respiración aerobia, que persiste hasta la fecha en forma modificada como mitocondria en las células eucariontes contemporáneas.

Después, este primer sistema simbiótico se asoció con procariontes semejantes a las espiroquetas, adquiriendo de esta manera un mecanismo de movilidad que luego se transformó, en el curso del tiempo, en el mecanismo mitótico y en los flagelos de las eucariontes actuales. De este sistema, ciertamente más complejo surgieron las células eucariontes animales. Otros sistemas, en cambio, ya con procariontes semejantes a las espiroquetas asociadas a ellos, entraron a su vez en simbiosis con procariontes fotosintéticos tales como las cianofíceas o las bacterias fotosintéticas, de donde surgirían después los antecesores de las algas eucariontes y de las plantas verdes.

Finalmente, la diferenciación de una membrana nuclear, la aparición de un mecanismo mitótico que permitía una distribución más adecuada del material genético y el surgimiento de los cromosomas marcó la aparición de las células eucariontes contemporáneas.

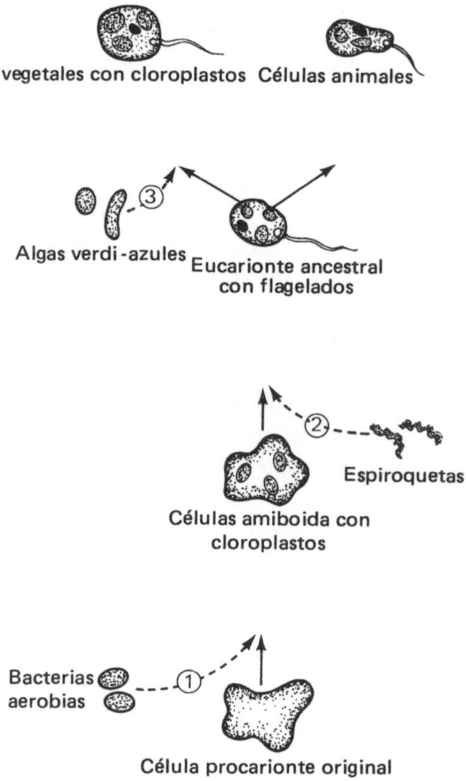

Fig. 8.4. La teoría endosimbiótica propuesta por Margulis para explicar el origen de las células eucariontes.

Existen en la actualidad algunos ejemplos de simbiosis que ocurren intracelularmente, y que parecerían apoyar la teoría, como la que existe entre *Paramecium y Chlorella,* un alga unicelular verde que habita dentro de *Paramecium bursaria*, al que provee de compuestos orgánicos que son sintetizados en presencia de la luz. Otras evidencias que parecen apoyar la teoría endosimbiótica son las características del mecanismo de síntesis de proteínas y su control génico, tal como ocurre en los cloroplastos y en las mitocondrias, y que se parece bastante al de las células procariontes. Sin embargo, aún persisten fuertes dudas acerca de si esta teoría de la simbiosis y sus implicaciones evolutivas puede explicar la presencia de todos los organelos, particularmente los componentes microtubulares de las células eucariontes, o bien los procesos de evolución de los flagelos a partir de espiroquetas procariontes.

8.3 LA FAGOCITOSIS Y EL ORIGEN DE LOS EUCARIONTES

Una tercera teoría para explicar el origen de las células eucariontes a partir de las procariontes ha sido sugerida recientemente por Cavalier-Smith; él supone que la evolución de la *endocitosis* (fagocitosis y pinocitosis) pudo haber jugado un papel fundamental en la aparición de las células eucariontes. Pero a diferencia de Margulis, no propone que este proceso de fagocitosis haya sido importante para conducir a la endosimbiosis, sino que proveyó a las procariontes iniciales de un mecanismo físico para lograr la compartamentalización celular, que permite entender no únicamente los orígenes de las mitocondrias, los plástidos y aun el núcleo mismo, sino también sus propiedades características.

Cavalier-Smith supone que el ancestro común a todas las eucariontes era una cianofícea unicelular, facultativamente fototrófica, incapaz de fijar nitrógeno, pero que podía liberar oxígeno mediante procesos fotosintéticos y capaz también de realizar respiración aerobia basada en citocromos y otras moléculas transportadoras de electrones. El primer paso que conduciría a las eucariontes sería la pérdida de la pared celular en un alga de este tipo, que viviese en un medio bentónico poco profundo y rico en restos orgánicos y bacterias que pudiese engullir. La aparición de compartimientos intracelulares como resultado de la fagocitosis llevaría entonces a la especialización de cada uno de estos compartimientos en funciones específicas, lo cual daría una ventaja selectiva sobre otras células en las cuales este proceso no se hubiese llevado a cabo.

Por otra parte, sugiere el mismo Cavalier-Smith, que el núcleo pudo haber aparecido como resultado de este proceso, quedando material genético en los compartimientos que luego se transformarían en mitocondrias o cloroplastos.

8.4 LA DIVERSIFICACIÓN DEL MUNDO VIVO

Aun cuando no comprendemos los procesos que dieron origen a las eucariontes, su aparición hacia el final del Precámbrico marca un cambio fundamental en la organización y la evolución de los seres vivos. La aparición de células nucleadas abría las puertas a la reproducción sexual, la cual involucra la recombinación de las características heredables, y que es la clave de la variabilidad genética que llevó a una complejidad creciente de forma y función a todos los niveles de organización biológica.

Algunos de los organismos unicelulares perdieron la capacidad de vivir en forma independiente al iniciar la formación de comunidades pluricelulares, lo que implica a su vez un cambio cualitativo en la organización del mundo vivo. De esta manera, los mares de la Tierra se fueron poblando por una gran variedad de organismos, resultando todos ellos de los procesos de mutación, los cuales hacían aparecer formas que habrían de salir airosas de los procesos de selección darwiniana, mientras que muchas otras perecían en aras de la evolución.

Los organismos procariontes, careciendo de las posibilidades evolutivas de los eucariontes, cambiaron relativamente poco desde los tiempo primitivos hasta nuestro días. Las extraordinarias similitudes de los fósiles precámbricos más antiguos con las bacterias y las cianofíceas no solamente nos permite identificar a los primeros, sino que además nos muestra que sus descendientes contemporáneos no alcanzaron los niveles de diversidad, en forma y función, que lograron los eucariontes.

La extraordinaria variedad de formas de vida animal y vegetal que han existido en la Tierra en los últimos 600 millones de años de su existencia, no son sino el resultado del potencial de diversidad genética de las células eucariontes, que poco a poco fueron ocupando nichos ecológicos hasta entonces vacíos.

Hace aproximadamente 429 millones de años el contenido del oxígeno atmosférico tenía un valor cercano al 10% del valor actual de su concentración, lo que permitió la invasión de las tierras por formas de vida vegetales y animales que ya no tenían que soportar el intenso flujo de radiación ultravioleta que hasta entonces había obligado a la vida a permanecer protegida por el agua de los mares. La radiación adaptativa rápidamente dio lugar a un amplio espectro de formas descendientes de unas cuantas líneas ancestrales, permitiendo la invasión de diferentes habitats y dando lugar a diferentes formas de vida durante el constante proceso de evolución biológica, que se fueron extendiendo por todos los confines del planeta.

El aislamiento geográfico llevó a la diferenciación genética, basada en la fijación de adaptaciones de diferente tipo obtenidas por los procesos de selección natural. Algunas de estas características contribuyeron poderosamente a aislar diferentes poblaciones, aun aquellas que vivían cercanas, y dio origen de este modo a multiples especies.

Se han sucedido a lo largo de la historia de la Tierra muchas formas de vida: bosques de plantas hoy extintas poblaron la faz del planeta; grandes reptiles que lograron subsistir durante largos periodos de tiempo; mamíferos que antecedieron a los actuales. Dentro de estos procesos de constante cambio y evolución, algunos dieron lugar eventualmente a un primate del cual el hombre mismo se originó. El proceso de selección biológica que llevó a la aparición de los primeros hombres, lo podemos entender y reconstruir con cierto detalle examinando los fósiles de los homínidos que antecedieron a nuestra propia especie. Y el desarrollo social del hombre, a lo largo de la historia, nos ha permitido llegar a comprender nuestros primeros orígenes y ubicarnos así dentro de los procesos de evolución de la materia.

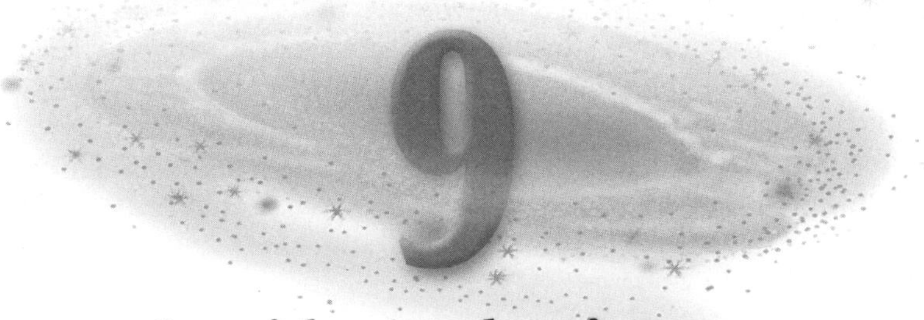

La vida en el universo

9.1 LA EXOBIOLOGÍA

La posibilidad de que exista vida extraterrestre ha inquietado a los hombres de ciencia y a los filósofos desde tiempos muy antiguos. En el siglo XVI, Giordano Bruno escribió una obra en la que afirmó que las estrellas no eran sino otros soles, en torno a los cuales también giraban planetas donde existían múltiples formas de vida. Las ideas de Bruno, demasiado avanzadas para su época, lo habrían de conducir a la muerte. Víctima de la intolerancia religiosa y de la superchería eclesiástica, en 1600 es llevado a la hoguera de la Inquisición en Roma.

Poco a poco se fueron extendiendo entre los hombres de ciencia concepciones similares a las de Bruno, Kepler, Newton y muchos otros más estaban seguros de que existía vida en otros planetas. En la mayoría de los casos, sin embargo, estas ideas no eran sino especulaciones que carecían de una base científica que pudiera resistir sólidamente una crítica cuidadosa.

La teoría de la panspermia de Arrhenius, por ejemplo, tiene implícita la noción de vida extraterrestre. Sin embargo, no fue sino hasta la formulación de la teoría de Oparin-Haldane, que explica satisfactoriamente el origen de los seres vivos en la Tierra, cuando los hombres de ciencia contaron con un marco de referencia adecuado que permitió fundamentar científicamente la posibilidad de que en otras partes del universo se originasen y desarrollaran otras formas de vida.

El estudio científico de las posibilidades de la vida extraterrestre ha dado origen a la *exobiología*, disciplina que se apoya a su vez en los descubrimientos teóricos y observacionales de la astronomía, que han ido demostrando poco a poco que la formación de planetas y de estrellas similares al Sol es un evento relativamente frecuente en la galaxia; asimismo, el análisis de los meteoritos condríticos y la observación del medio interestelar han demostrado que los compuestos orgánicos que determinaron la aparición de la vida en la Tierra son extraordinariamente abundantes en el universo y constituyen un ejemplo espectacular de la evolución química de la materia.

Por otra parte, el desarrollo de la exploración espacial nos ha permitido, por primera vez en la historia, tener acceso a otros cuerpos del Sistema Solar, así como examinar en forma directa las condiciones existentes en otros planetas.

El análisis de las muestras lunares fue en cierto sentido decepcionante; la Luna ha resuelto ser un cuerpo prácticamente carente de atmósfera, en la cual la vida nunca se desarrolló y donde incluso no es posible encontrar moléculas orgánicas, como aminoácidos. La ausencia de estas moléculas en la superficie lunar se debe, sin duda alguna, al constante bombardeo que sufre por parte del viento solar, particularmente por protones que chocan contra la superficie a grandes velocidades.

Mercurio, el planeta más cercano al Sol, es aparentemente también un lugar poco adecuado para el origen y desarrollo de seres vivos. Posee una atmósfera de densidad bajísima, y las altas temperaturas que tiene en su superficie impiden que el agua se encuentre en estado líquido. En estas condiciones es razonable suponer que es un planeta estéril, al igual que la Luna.

9.2 VENUS Y MARTE

De todos los planetas que existen en el Sistema Solar, el más parecido a la Tierra es Venus. Los tamaños, las masas y las densidades de ambos planetas son muy similares; además, se encuentran situados a distancias del Sol que de alguna manera son comparables.

Esta similitud de características llevó a algunos científicos a suponer que en la superficie de Venus podrían existir organismos; sin embargo, la gran cantidad de nubes que existen en su atmósfera impedía el examen de su superficie y esta cuestión permaneció abierta durante mucho tiempo, hasta que descendieron en Venus satélites espaciales enviados por Estados Unidos y la URSS.

Los satélites revelaron una serie de datos sorprendentes acerca de las condiciones de la superficie de Venus. En primer lugar, demostraron que la temperatura superficial es de aproximadamente 600° K, con lo cual se confirmaron las observaciones que ya habían realizado los radioastrónomos. Por otra parte, se encontró que la presión atmosférica en la superficie de Venus es cerca de 100 veces mayor que la de la Tierra y, finalmente, que la composición química de su atmósfera es radicalmente diferente de la terrestre; el dióxido de carbono constituye entre 90 y 95% de los gases atmosféricos (comparados con solamente alrededor de 0.03% de CO_2 en la atmósfera terrestre), además de contener pequeñas cantidades de vapor de agua y algo de ácido sulfúrico.

Una temperatura de 600° K como la que existe en Venus es capaz de fundir el plomo; también es capaz de destruir cualquier sistema celular tal como los conocemos en la Tierra. Aunque se ha sugerido que tal vez en Venus pudiera haber algunas formas de vida en los polos, donde la temperatura es aparentemente menor, o bien adaptada para vivir en las capas superiores de su atmósfera, estas posibilidades son muy discutibles y lo más seguro es que Venus carezca de vida.

No obstante, cabría preguntarse por qué Venus, siendo aparentemente tan parecido a la Tierra, posee una temperatura tan elevada. En realidad, lo que determina la temperatura superficial de los planetas es la cantidad de energía que reciben del Sol. A medida que la superficie de un planeta se va calentando, reemite al espacio exterior la energía que ha recibido, radiando energía infrarroja. En la Tierra no toda la energía que se recibe del Sol es reemitida, sino que parte de ella es atrapada por el vapor de agua, el dióxido de carbono y el ozono que existen en la atmósfera. A pesar de que estos compuestos existen en cantidades minúsculas en nuestra atmósfera, absorben aproximadamente 90% del calor que es emitido por la superficie de la Tierra, y contribuyen de esta manera a elevar la temperatura del planeta. Este tipo de fenómeno, llamado "efecto invernadero", también existe en Venus. En este planeta, sin embargo, la gran cantidad de dióxido de carbono que existe en su atmósfera, si bien permite la entrada de la radiación solar, impide la salida de longitudes de onda mayores que son reemitidas por la superficie de Venus. De esta manera, la temperatura de Venus se ha ido elevando hasta alcanzar los altos valores que ahora presenta.

En el caso de la Tierra, la mayor parte de CO_2 que alguna vez tuvo en su atmósfera como resultado de procesos de degasamiento geológico, reaccionó con algunos minerales, dando origen a carbo-

$$CO_2 + CaSiO_3 \longrightarrow SiO_2 + CaCO_3$$

natos que luego se disolvieron en los mares. Esta reacción, sin embargo, es muy sensible a la temperatura y a la distancia a la que

Fig. 9.1. Fotografía de Venus en que se pueden apreciar las nubes que ocultan la superficie del planeta.

se encuentra Venus del Sol, ésta fue desde un principio lo suficientemente alta para impedir que la formación de carbonatos se llevase a cabo, lo cual permitió la acumulación progresiva de dióxido de carbono en su atmósfera.

Marte, en cambio, es un planeta que se encuentra más alejado del Sol que la Tierra. Si bien su radio tiene un valor cercano a la mitad del valor del radio terrestre, su densidad es aproximadamente la misma que la de nuestro planeta. Por otra parte, Marte presenta una inclinación de 24° de su eje de rotación respecto al plano de su órbita, lo cual provoca la existencia de estaciones anuales.

Durante estas estaciones, es posible percibir cambios en los casquetes polares, que avanzan hacia el ecuador de Marte durante el invierno y retroceden en el verano. Estos casquetes están constituidos de agua, cubierta por una capa de CO_2 sólido. Durante la primavera es posible distinguir cambios en la coloración, que durante algún tiempo se pensó que podían deberse al desarrollo de formas de vegetación y que ahora se sabe son el resultado de cambios químicos en los componentes del suelo marciano.

La atmósfera de Marte es muy tenue; los satélites artificiales que han explorado este planeta revelan que al nivel del suelo su densidad es muy baja, comparada con la terrestre. Entre los gases que la forman se encuentran sobre todo CO_2, pero también existen pequeñas cantidades de ozono, vapor de agua y nitrógeno, junto con cantidades minúsculas de algunos otros elementos como el argón.

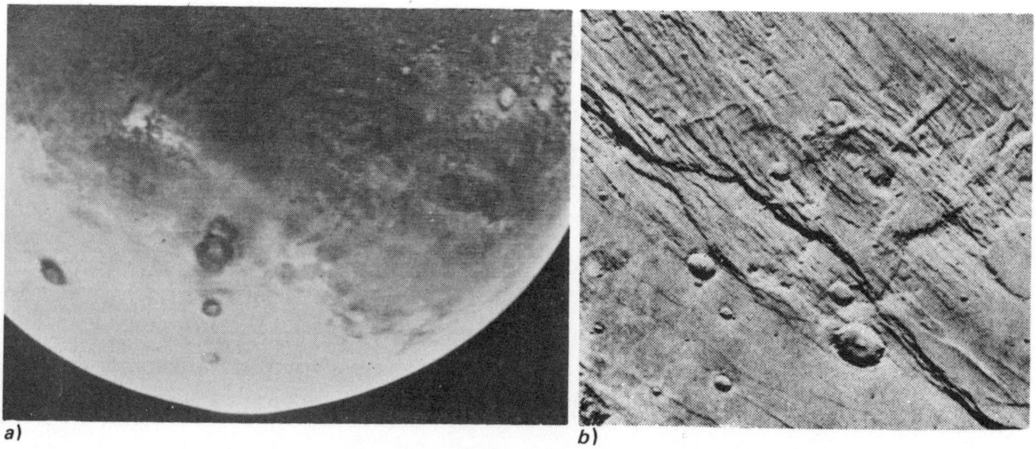

a) b)

Fig. 9.2. *a*) Fotografías de Marte tomadas desde un satélite artificial en *b*) es posible observar lo que parece ser el lecho seco de un río.

Durante algún tiempo se pensó que la superficie de Marte se encontraba literalmente cubierta por multitud de canales, y no faltó quien atribuyese su supuesta existencia a formas de vida inteligente. Si bien esto resultó falso, las fotografías de Marte tomadas por satélites artificiales que han orbitado a su alrededor han revelado la existencia de lo que parecen ser lechos secos de ríos y arroyos, y que tal vez fueron formados por agua líquida.

¿Existe vida en Marte? Ésta es una pregunta que muchos se han formulado repetidamente. Es posible que la respuesta sea afirmativa. Marte es un planeta seco y frío, y ciertamente menos favorable para el desarrollo de la vida que la Tierra misma. Sin embargo, muchos experimentos muestran que diversas formas de vida vegetal como líquenes, musgos y varios tipos de microorganismos, pueden subsistir en condiciones semejantes a las existentes en la superficie de Marte, que son simuladas en el laboratorio.

Por otra parte, aunque la cantidad de radiación ultravioleta y de rayos cósmicos que constantemente llegan a la superficie de Marte es ciertamente letal para las formas de vida terrestre, algunos autores han sugerido que una posible biota marciana hubiera podido desarrollar, en el curso de su evolución, formas de protección tal vez similares a las que presentan las cianofíceas, que segregan mucílagos y sales de calcio.

Recientemente se han posado sobre la superficie de Marte dos naves exploradoras norteamericanas, las Viking I y II, dotadas de un instrumental científico que entre otras pruebas han realizado una serie de experimentos diseñados para la detección de posibles microorganismos marcianos; sin embargo, los resultados obtenidos hasta octubre de 1976 son confusos y no han permitido concluir a los científicos si existe o no vida en Marte.

De existir organismos vivos en Marte, sin duda alguna son el resultado de procesos de evolución que se iniciaron en el pasado de este planeta, cuando los volcanes que presenta en su superficie exhalaban grandes cantidades de gases formando una atmósfera tal vez similar a la atmósfera secundaria de la Tierra, y con condiciones climatológicas comparables a las existentes en la Tierra primitiva. Las formas de vida que entonces hayan podido surgir, se tendrían que haber ido adaptando lentamente, mediante procesos de selección natural, a los cambios que ocurrían en la superficie de Marte.

De demostrarse la existencia de seres vivos en Marte, su conocimiento nos permitirá comprender mejor el surgimiento y la evolución de la vida terrestre. En caso de que la búsqueda de los satélites Viking dé resultados negativos, podremos igualmente obtener provecho de estas investigaciones, al estudiar un planeta que es comparable de alguna manera a la Tierra misma, y en cuya evolución los seres vivos no jugaron ningún papel. La comprensión de este proceso nos permitirá, sin duda, entender mejor la dinámica de los cambios que sufre la Tierra.

9.3 LOS PLANETAS EXTERIORES

Más allá de la órbita de Marte se encuentran, en el Sistema Solar, muchos otros cuerpos de interés para comprender los procesos de origen de la vida en la Tierra, y de posibles implicaciones exobiológicas; sin embargo, las temperaturas de esta parte del sistema planetario son aparentemente demasiado bajas para permitir la aparición y el desarrollo de organismos vivos.

A pesar de las bajas temperaturas, algunos cuerpos como Júpiter y Titán (una de las lunas de Saturno), pueden ser el sitio donde estén ocurriendo procesos de evolución química similares a los que precedieron el origen de la vida en la Tierra. Júpiter es el más masivo de todos los planetas del Sistema Solar, y aunque un análisis somero podría suprimirlo como un sitio de interés desde un punto de vista exobiológico, debido al alto valor de su gravedad y a sus bajas temperaturas, su atmósfera está compuesta de metano, amoniaco, hidrógeno y agua, lo cual la hace comparable a la atmósfera secundaria que alguna vez poseyó la Tierra.

Las atmósferas de los planetas exteriores, en particular la de

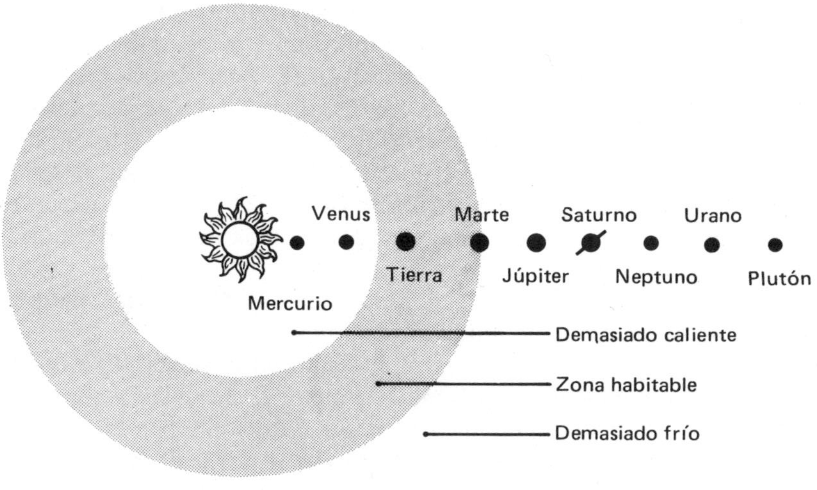

Fig. 9.3. La zona habitable del Sol (las distancias no están a escala en el dibujo).

Júpiter, probablemente están compuestas por los gases que formaron parte de la nebulosa solar. A pesar de que las capas exteriores de la atmósfera de Júpiter seguramente están constituidas por una gran cantidad de hielos de amoniaco y otros compuestos, existe también un efecto de invernadero que eleva las temperaturas de las capas inferiores.

Ponnamperuma y sus colaboradores han realizado una serie de experimentos con los cuales han intentado simular en el laboratorio las condiciones físicas y químicas de Júpiter. Al aplicar

Fig. 9.4. Júpiter.

descargas eléctricas a mezclas de gases cuya composición química es similar a la de Júpiter, han logrado sintetizar una serie de sustancias que son precursores importantes de otras como los aminoácidos. Entre las moléculas que lograron sintetizar se encuentran el ácido cianhídrico, el acetileno y varios nitrilos, incluyendo gliconitrilo y propionitrilo. El gliconitrilo es a su vez precursor de la glicina, el más sencillo de todos los aminoácidos. Junto con estas sustancias se formaron también polinitrilos cuya coloración es muy similar a la que presentan la mancha roja de Júpiter y otras estructuras de su atmósfera, al igual que las reportadas para las atmósferas de Saturno y Titán.

Estos experimentos demuestran aparentemente que los planetas exteriores, y en especial Júpiter, pueden ser gigantescos reservorios de material orgánico de origen abiótico. Algunos científicos han sugerido que en las condiciones que existen en las capas internas de Júpiter podrían subsistir formas de vida adaptadas a las condiciones que allí se dan; sin embargo esta posibilidad parece ser bastante reducida. En todo caso, los experimentos de Ponnamperuma demuestran que el material orgánico necesario para la aparición de la vida en la Tierra se encuentra distribuido en los más variados ambientes de nuestro universo, y que en condiciones adecuadas tal vez puede participar de un proceso de evolución que conduzca a la aparición de la vida.

9.4 ¿BIOQUÍMICAS EXÓTICAS?

A pesar de la extraordinaria diversidad que es posible observar en el mundo vivo, existe una unidad bioquímica fundamental entre todos los organismos terrestres, que dependen, entre otros factores, de las propiedades químicas del carbón y de la utilización del agua como un solvente. Sin embargo, algunos autores han sugerido que en otras partes del universo pudieran existir formas de vida con químicas totalmente diferentes de las de la vida terrestre, lo cual les permitiría soportar condiciones ambientales en las que la vida, tal como la conocemos, no se podría ni siquiera originar; una posibilidad que a veces se menciona, por ejemplo, es la de organismos que utilizarían como solvente el amoniaco, que tiene un punto de congelación más bajo que el del agua y que por tanto podría permanecer en estado líquido en planetas donde el agua sería un sólido; o bien, por el contrario, formas de vida basadas en el silicio o el azufre, que podrían resistir temperaturas mucho más altas que las que pueden soportar, sin carbonizarse, los organismos terrestres.

De silicio,

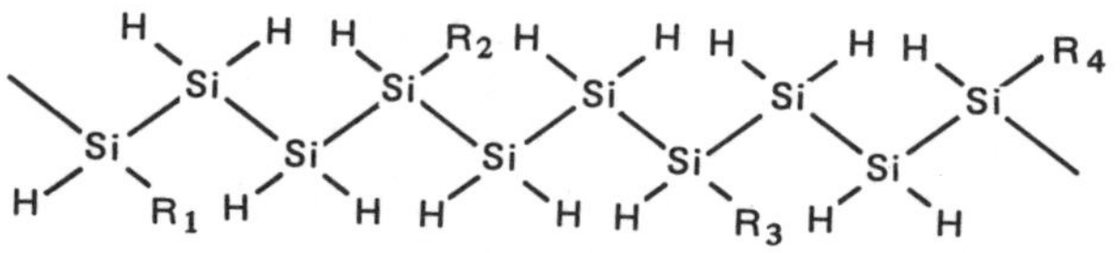

De nitrógeno,

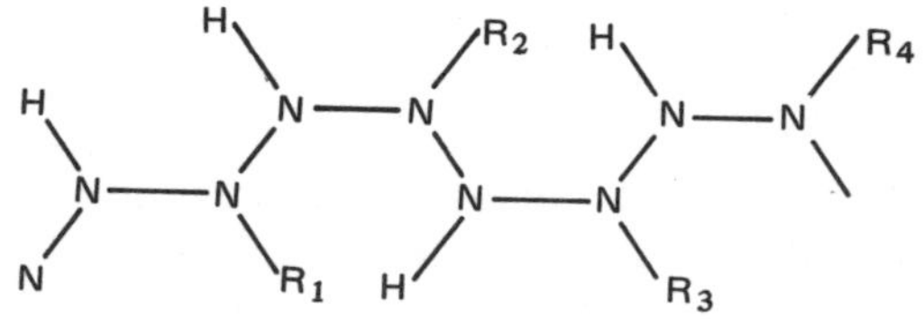

De azufre,

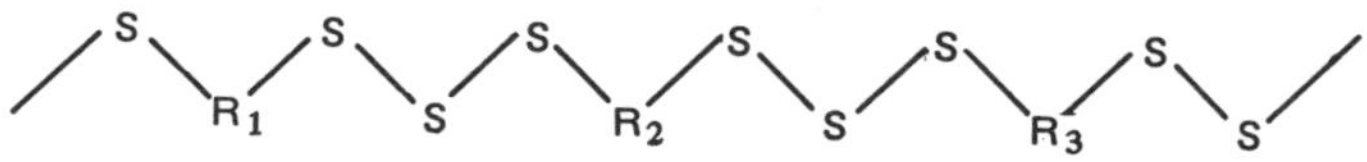

R_i es cualquier radical químico.

Fig. 9.5. Bases hipotéticas para otras bioquímicas.

A pesar de lo interesante que son estas posibilidades, es poco probable que existan organismos con bioquímicas basadas en otros elementos diferentes al carbón. Al examinar las características de los elementos químicos que componen a los seres vivos. George Wald ha concluido no solamente que se cuentan entre los elementos más abundantes en el universo, sino que además poseen una serie de propiedades que los vuelven particularmente "aptos" para incorporarse a las biomoléculas. En general, los *bioelementos* son los de menor número atómico en la Tabla Periódica, y pueden adquirir una configuración electrónica estable con la adición de solamente uno, dos, tres o hasta cuatro electrones. Más aún, pueden formar enlaces estables y múltiples. Estos últimos son particularmente importantes desde un punto de vista biológico, ya que dan al elemento gran flexibilidad y versatilidad para poder combinarse con otros átomos.

Cuando comparamos el átomo de carbón con el de silicio, podemos advertir que a pesar de que este último elemento es aproximadamente 146 veces más abundante en la corteza terrestre, y de que al igual que el carbón puede formar cuatro enlaces covalentes, la energía de enlace entre dos átomos de carbón (C-C) es casi la doble de la correspondencia para dos átomos de silicio (Si-Si), lo cual aparentemente da una cierta ventaja al carbón sobre el silicio. Por otra parte, el carbón se puede unir al oxígeno y formar dióxido de carbono (CO_2), que se disuelve en el agua, en tanto que el compuesto equivalente del silicio, el SiO_2, forma largas cadenas que constituyen al cuarzo. En tanto que el átomo de carbón se puede unir a otros átomos iguales y formar largas cadenas o bien compuestos cíclicos estables, los enlaces de Si-Si son inestables en presencia del agua, del amoniaco o del oxígeno.

Bernard y Alberte Pullman han señalado otra propiedad de los compuestos de carbón que tiene una gran relevancia: muchas de las moléculas que forman a los seres vivos exhiben una propiedad conocida como *deslocalización electrónica*; es decir, en las biomoléculas los electrones no están rígidamente reducidos a cierta configuración geométrica, sino que, como podemos observar en los ácidos nucleicos, en las proteínas, enzimas y fosfatos, los electrones se encuentran formando una nube difusa alrededor del esqueleto de carbón del compuesto. Esta propiedad, de acuerdo con los trabajos de los Pullman, permite que las moléculas puedan resonar entre formas diferentes, y en última instancia se traduce, en una mayor estabilidad del compuesto.

Todas estas propiedades de los compuestos orgánicos sin duda alguna fueron determinantes en los procesos biopoyéticos en la Tierra, y nos dan un marco de referencia para especular sobre otras bioquímicas posibles en el universo, que después de todo es bastante probable que sean básicamente similares a la de los organismos terrestres.

9.5 ¿OTROS SISTEMAS PLANETARIOS?

Si bien durante mucho tiempo se pensó que la formación del Sistema Solar había sido el resultado de algún evento relativamente poco frecuente en la galaxia, como el choque de dos estrellas, hoy en cambio los astrónomos se inclinan a creer que el origen de los sistemas planetarios como el nuestro puede ser un proceso común en la evolución de las nubes densas del material interestelar.

¿Cuántos sistemas planetarios existen en la Vía Láctea? Ésta es en realidad una pregunta difícil de responder; a diferencia de las estrellas, que emiten luz, los planetas únicamente reflejan la que reciben del Sol. Esto se traduce en dificultades casi insuperables para poder observar directamente planetas asociados a otras estrellas, aunque sí los podemos detectar indirectamente a partir de perturbaciones gravitacionales en el movimiento de las estrellas alrededor de las cuales girasen. En la vecindad del Sol existen varias estrellas que parecen tener asociados compañeros oscuros cuyas masas son comparables a las masas de Júpiter y Saturno, y quizás podrían existir otros cuerpos de dimensiones comparables a las de nuestro planeta.

Un gran número de estrellas de la galaxia se encuentran formando los llamados sistemas múltiples, en donde de existir planetas difícilmente se podrían desarrollar sistemas biológicos. Un planeta asociado a un sistema múltiple tendría seguramente órbitas muy complejas que lo alejarían o lo acercarían demasiado a las estrellas, lo cual provocaría grandes variaciones en su temperatura, que impedirían la aparición y desarrollo de la vida.

Las estrellas muy masivas aparentemente no tienen planetas asociados, cuya presencia es posible deducir indirectamente por la velocidad con que giran las estrellas. En el caso del Sol, éste gira lentamente, en tanto que los planetas poseen la mayor parte del momento angular total del Sistema Solar; por otra parte, los tiempos de evolución de las estrellas muy masivas son relativamente cortos, ya que rápidamente transforman su hidrógeno en helio, lo cual impide el surgimiento de seres vivos al sufrir la estrella una serie de cambios violentos durante su evolución. Las estrellas poco masivas, en cambio, emiten tan poca energía que los planetas asociados a ellas difícilmente podrían disponer de la radiación necesaria para la aparición y el desarrollo de la vida.

A pesar de todas estas restricciones, solamente en nuestra galaxia parecen existir aproximadamente 2.5×10^{11} estrellas cuyas características son semejantes al Sol, en torno a las cuales podrían existir planetas donde pudiera originarse la vida.

Este número tan grande de estrellas de tipo solar ha llevado a muchos científicos a preguntarse en cuántos planetas de la galaxia pudo haber surgido la vida y evolucionar hasta la aparición de sociedades cuyo grado de desarrollo fuera comparable o aun mayor que el alcanzado por las sociedades humanas en la Tierra.

¿Existen otras formas de vida inteligente en el universo? Hoy son muchos los científicos que responden afirmativamente a esta pregunta, y que creen que es válido intentar comunicarnos con ellas. Ciertamente, las distancias que separan a las estrellas entre sí parecen anular toda posibilidad de contacto directo; pero sería posible, en principio, detectar mensajes interestelares enviados en las bandas de radio que pueden captar los radiotelescopios terrestres. Los pocos intentos efectuados hasta ahora han dado resultados negativos, lo cual no es sorprendente.

¿Cómo comunicarse con otras formas de vida inteligente que existan en nuestra galaxia? ¿Hacia dónde escuchar? ¿Cómo reconocer e interpretar un mensaje interestelar que eventualmente llegásemos a captar? En realidad, son preguntas para las cuales pueden existir muchas respuestas. Los mensajes que ya se han enviado de la Tierra hacia el espacio exterior utilizando radiotelescopios fueron diseñados bajo el supuesto de que cualquier civilización extraterrestre con un grado de desarrollo tecnológico les permitiera captarlos e interpretarlos correctamente.

A bordo de dos satélites artificiales enviados a estudiar Júpiter y Saturno, los Pioneer 10 y 11, se colocaron otro tipo de mensajes: dos placas metálicas grabadas en las cuales se da la posición del Sistema Solar en el espacio y en el tiempo, y donde aparecen también una mujer y un hombre desnudos.

Estos dos satélites artificiales son los primeros objetos hechos por el hombre que abandonarán el Sistema Solar para viajar por el espacio interestelar. Durarán seguramente más que el hombre mismo, cientos y quizás hasta miles de millones de años.

¿Alguna vez serán recogidos e interpretados estos mensajes por miembros de alguna comunidad inteligente que exista en otra parte de la galaxia en tiempos aún por venir? No lo sabemos; pero en estas placas va un mensaje que trata de anunciar al universo entero la existencia de nuestra especie y sus esfuerzos constantes por conocer y transformar la naturaleza.

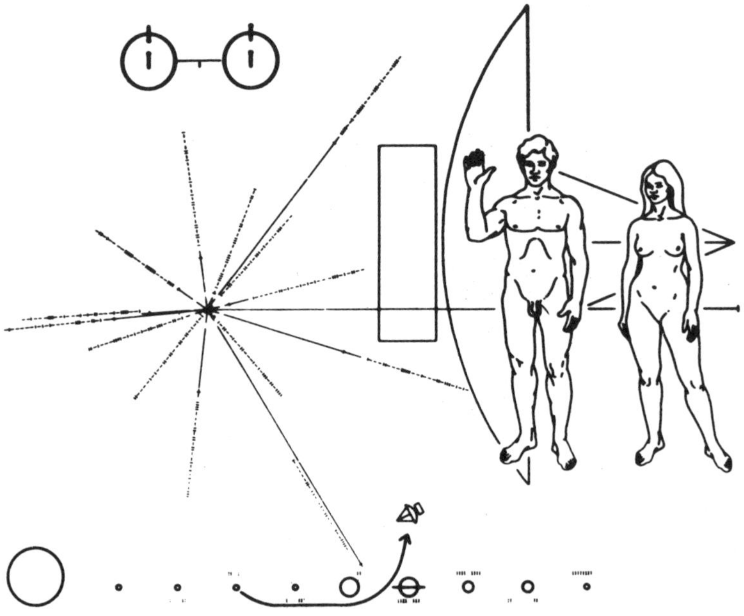

Fig. 9.6. La placa enviada a bordo de los satélites Pioneer X y XI.

Conclusiones

A partir de la primera formulación de la teoría de Oparin-Haldane, en poco más de cincuenta años hemos logrado reunir, una cantidad impresionante de conocimientos y datos provenientes de diferentes disciplinas que se enlazan fácilmente entre sí y nos permiten reproducir en los laboratorios muchos de los pasos intermedios de la evolución química que precedió a los primeros organismos.

Las observaciones astronómicas y la exploración de otros cuerpos del Sistema Solar, el estudio de las rocas y los fósiles más antiguos de nuestro planeta, los experimentos químicos en el laboratorio y el estudio de la estructura y el funcionamiento de los seres vivos, nos ha permitido reconstruir, al menos parcialmente, el camino evolutivo de la materia hasta llegar a la aparición de la vida.

Llegados a este punto, bien podemos preguntarnos cuál es el sentido de investigar el origen de la vida en la Tierra y en otras partes del universo, y qué relación guarda con nuestras actividades cotidianas la preocupación por comprender los procesos de evolución de la materia. Estas preguntas son perfectamente legítimas y responderlas sin duda alguna contribuye a entender mejor el papel social de la ciencia y del científico mismo.

En realidad, la preocupación del hombre por conocer el origen de los seres vivos no es sino parte de su lucha constante por comprender a la naturaleza para poderla dominar. Cuando el hombre se preguntó por primera vez cuál era el origen de la vida, estaba interesado en conocer cómo surgían los animales y los vegetales que le dañaban o le beneficiaban. Más aún, responder a esta pregunta le permitía ubicar mejor sus propios orígenes y su relación con el mundo.

Las investigaciones de Redi, de Spallanzani y de Pasteur, aportaron no solamente beneficios teóricos sino que se tradujeron también en mejoras materiales concretas, tales como formas más eficientes de conservación de alimentos, de esterilización de instrumental quirúrgico y aun ayudaron al desarrollo de la sanidad pública. En este mismo sentido podríamos agregar que, por ejemplo, la adenina que se produce comercialmente, se sintetiza siguiendo un método que fue diseñado a partir de experimentos que buscaban dar respuestas al problema del origen de la vida.

Comprender el origen de los seres vivos nos permite entender mejor cuál es la naturaleza de la vida misma, lo que nos abre las puertas para su transformación. Asimismo, llegar a descubrir eventualmente formas de vida extraterrestre, nos dará respuestas a una serie de preguntas que permitirán la construcción de una biología más generalizada, más universal, no basada únicamente, como hasta ahora, en el solo ejemplo de la vida terrestre.

Hoy sabemos que nuestro origen fue el resultado de los procesos de evolución del universo mismo. Sabemos que estamos hechos de material que proviene quizás de los primeros momentos de la existencia del universo y del que se ha transformado en el interior de las estrellas. No somos ni el resultado de un acto especial de creación ni de una casualidad, sino que hemos surgido de los procesos de cambio y evolución que ocurren constantemente en el universo y que seguramente lo han poblado de vida en muchos otros sitios. Este conocimiento ha abierto nuevas fronteras al pensamiento, y al acabar con temores y supersticiones surgidos de la ignorancia, nos va haciendo cada vez más libres. Y nada es tan indispensable a la condición humana como la libertad.

Actividades e investigaciones

Dado que este módulo está orientado principalmente a los estudiantes de bachillerato y primeros semestres de licenciatura, existen limitaciones que impiden la realización de experimentos muy complicados que pudieran repetir o ampliar algunos de los resultados que aquí se han discutido. Es posible, sin embargo, llevar a cabo algunas actividades de discusión y seminarios y aun realizar algunos experimentos, relativamente sencillos, que permitan comprender mejor los puntos de vista contemporáneos sobre el problema del origen de la vida.

La lectura y discusión de la obra de Federico Engels, *La dialéctica de la naturaleza*, y de la de A. I. Oparin, *El origen de la vida*, que son fácilmente accesibles por existir múltiples ediciones en español, sin duda permitirá a los estudiantes comprender mejor los fundamentos filosóficos de la concepción materialista del origen de la vida. Igualmente, puede resultar útil la discusión de los siguientes artículos de divulgación, todos ellos publicados en la revista *Scientific American*, y que se pueden obtener sin dificultades:

1. Barghoorn, E. "The Oldest Fossils" (mayo, 1971).
2. Huang, Su-Shu. "Life Outside the Solar System" (abril, 1960).
3. Landsberg, H. H. "The origin of the Atmosphere" (febrero, 1953).
4. Margulis, L. "Symbiosis and Evolution" (agosto, 1971).
5. Sagan, C., y F. Drake. "The Sarch for Extraterrestrial Intelligence" (mayo, 1975).
6. Wald, G. "The Origin of Life" (agosto, 1954).

Entre las actividades experimentales, sin duda será útil repetir los experimentos de Redi, de Spallanzani y de Pasteur, que se pueden llevar a cabo aun en los más modestos laboratorios escolares. Los problemas de contaminación de los caldos nutrientes pueden ser fácilmente suprimidos, y se debe enfatizar el valor histórico de las hipótesis y los resultados de estas investigaciones. Partes de la obra de F. Redi y L. Pasteur pueden ser consultadas en la antología *Great Experiments in Biology*, editada por M. L. Gabriel y S. Fogel (1955), Prentice-Hall, Englewood Cliffs.

Grupos de maestros y alumnos con cierta iniciativa y contando con los recursos adecuados (que no son excesivos), pueden repetir el experimento de Miller-Urey, de síntesis abiótica de compuestos orgánicos y de la síntesis térmica de aminoácidos y proteinoides de Fox. Una descripción útil de estos experimentos, realizados a nivel escolar, se puede encontrar en la sección *The Amateur Scientist*, de la revista *Scientific American* (vol. 222) correspondiente al mes de enero de 1970. Estos experimentos, extraordinariamente espectaculares, requieren de la supervisión constante de maestros con cierta experiencia práctica, por involucrar sustancias y diseños experimentales que pueden ser ligeramente peligrosos si se realizan sin las precauciones adecuadas.

Es mucho más fácil, en cambio, la formación y el estudio en el laboratorio escolar, de los sistemas precelulares. La metodología para la obtención de coacervados se puede encontrar o deducir de cualquier libro de fisicoquímica, aunque se sugiere utilizar la que se da en el libro *Ciencias biológicas: De las moléculas al hombre* (versión azul), México, 1973, CECSA, Cap. 5: págs. 189-190. Una vez formados los coacervados, es fácil realizar con ellos experimentos variando las condiciones de pH, temperatura, con la utilización de diferentes tipos de colorantes, etc.

Igualmente sencilla es la formación de microesférulas proteicas. S. W. Fox y K. Dose, en su libro *Molecular Evolution and the Origin of Life,* Freeman Co., San Francisco (1972), proporcionan en el Apéndice (págs., 345-347), la metodología adecuada, junto con "recetas" para la síntesis abiótica de aminoácidos.

Glosario

Abiótico. En ausencia de la vida; o bien, producido sin la intervención de seres vivos.

Aldehído. Compuesto orgánico que contiene el grupo químico H-C = O.

Alcano. Hidrocarburo cuya fórmula condensada se puede expresar como $C_n H_{2n+2}$

Anaerobios. Organismos que pueden vivir o desarrollarse sin necesidad del oxígeno libre. En especial, cierta clase de bacterias cuyo crecimiento es inhibido o bien que mueren en presencia del oxígeno atmosférico.

Aromático. Compuestos que contienen uno o más anillos bencénicos.

Autótrofos. Organismos capaces de sintetizar sus propios alimentos a partir de carbón presente en compuestos simples y moléculas nitrogenadas sencillas; por ejemplo, todas las plantas que poseen clorofila.

Biosíntesis. Síntesis química resultado de procesos biológicos.

Biota. Seres vivos de un lugar o tiempo particulares.

Coacervados. Gotas microscópicas formadas por macromoléculas a partir de la mezcla de dos soluciones de éstas; son un posible modelo precelular.

Condritas. Meteoritos que contienen una gran cantidad de compuestos orgánicos de origen abiótico.

Eubiontes. Primeros seres vivos que existieron en la Tierra, de los cuales no poseemos restos fósiles.

Eucariontes. Células que contienen su material genético dentro de núcleos definidos por una membrana.

Exobiología. Disciplina científica que estudia las posibilidades del origen y desarrollo de sistemas biológicos fuera de la Tierra.

Fotólisis. Proceso mediante el cual una molécula es descompuesta por acción de la luz visible o ultravioleta.

Fotoquímica. Parte de la química que estudia los efectos de la luz sobre reacciones químicas, que modifica o inicia la energía luminosa.

Fotosíntesis. Proceso por medio del cual el CO_2 y el agua son convertidos en carbohidratos en las plantas verdes, utilizando la energía luminosa y liberando oxígeno como un producto de reacción.

Heterótrofo. Organismo que no es capaz de sintetizar sus propios alimentos, y que por tanto depende de los que fabrican los autótrofos.

Hidrocarburos. Compuestos formados por carbón e hidrógeno; pueden existir en forma de cadenas lineales, ramificadas, o bien formando anillos.

Hidrólisis. Cambio químico producido por la interacción de un compuesto con el agua, y que resulta generalmente en la incorporación a un nuevo compuesto del hidrógeno y del oxígeno del agua.

Ion. Átomo o molécula que posee carga positiva o negativa.

Lípidos. Sustancias orgánicas que incluyen a las grasas y a los ésteres con propiedades similares; por ejemplo, los ácidos grasos, las ceras, etc.

Microesférula proteica. Modelo de una posible estructura precelular cuyas dimensiones y algunas propiedades morfológicas y dinámicas las hacen comparables a las células contemporáneas. Son capaces de intercambiar materia y energía con el medio acuoso donde se forman a partir de proteinoides de origen abiótico.

Nebulosa planetaria. Nube de gas que rodea a una estrella de la cual se ha desprendido, en estados relativamente avanzados de la evolución de la propia estrella, cuya energía excita los átomos de la nebulosa planetaria.

Nitrilo. Compuesto orgánico que posee el grupo CN, y que es un precursor de los aminoácidos.

Nucleosíntesis. Proceso por el cual los elementos de número atómico mayor que 1 son generados en el curso de la evolución de las estrellas.

Prebiótico. Se refiere a un proceso que haya tenido lugar previo a la aparición de los primeros seres vivos en la Tierra.

Procarionte. Nombre con que se designa a las células más primitivas que existen en la actualidad, cuyo material genético se encuentra disperso en el citoplasma sin estar contenido en un núcleo; todas las bacterias y las cianofíceas son procariontes.

Protobiontes. Sistemas polimoleculares abiertos de gran complejidad estructural y funcional a partir de los cuales se desarrollaron los primeros seres vivos.

Racémica. Mezcla en la cual existen iguales proporciones de un compuesto en su forma L y D.

Radical. Constituyente fundamental de un compuesto químico que permanece constante en el curso de una reacción química, poseyendo al menos un electrón desapareado por lo cual tiene una gran reactividad. Por ejemplo, los radicales OH^-, CN^-, $SO_4^=$, etc.

Reductor. Ambiente en el cual existe un exceso de hidrógeno libre; por ejemplo, la atmósfera primitiva de la Tierra, el cual provocaba que un átomo o un compuesto adquiriera más negatividad debido a la ganacia de uno o más electrones por el átomo o el compuesto.

Simbiosis. Asociación biológica en la cual dos o más organismos que viven juntos obtienen beneficios mutuos como resultado de su coexistencia.

Sulfobios. Sistemas producidos por la evaporación de capas delgadas de tiocianatos sobre formaldehído acuoso, y cuya forma a veces semeja la de algunos microorganismos. Fueron sugeridos por Herrera, como un modelo precelular.

Vitalismo. Teoría que pretendía explicar el origen y funcionamiento de los seres vivos mediante la existencia de una fuerza o un principio vital cuya naturaleza no era explicable por fuerzas físicas o químicas.

Bibliografía

La siguiente lista de libros y obras de consulta se encuentra dividida en tres partes: en la primera se han incluido todos aquellos libros editados en español, que son por tanto más accesibles para la mayoría de los estudiantes y que se refieren al problema del origen de la vida a diferentes niveles, unos más sencillos que otros.

La siguiente sección incluye libros elementales e intermedios editados en otros idiomas, en tanto que la tercera y última textos avanzados de interés para aquéllos que deseen familiarizarse con trabajos de investigación originales.

Existen dos revistas especializadas, *Origins of Life* y el *Journal of Molecular Evolution*, donde se publican actualmente la mayor parte de las investigaciones de diferentes disciplinas relacionadas directa o indirectamente con el problema del origen de los seres vivos. Con frecuencia aparecen artículos, también de investigación, en la revista *Icarus* y en las publicaciones *Science y Nature*.

Martha W. West y Cyril Ponnamperuma publicaron *Chemical Evolution and the Origin of Life: A Comprehensive Bibliography*, en la revista *Space Life Sciences*, vol. *2*, No. 2, págs. 225-295, en septiembre de 1970, donde dan una lista de más de 2 000 artículos y libros directamente relacionados con el problema del origen de la vida; posteriormente han aparecido secuencias de este trabajo, sin duda alguna la lista más completa de obras sobre este tema.

1. TEXTOS EN ESPAÑOL

1. Huang, Su-Shu y Frank D. Drake. *Sobre la Vida en Otros Sistemas Planetarios*. Supl. del Seminario de Probl. Cient. y Fil. Segunda Serie, núm. 22, UNAM, México, 1960.

2. Keosian, J. *El origen de la vida*. Edit. Alhambra, Madrid, 1975.
3. Léourier, Ch. *El origen de la vida*. Edic. ISTMO, Madrid, 1970.
4. Lazcano-Araujo, A. y A. Barrera. *Memorias del Simposium sobre Origen de la vida,* UNAM, México, 1977.
5. MacGowan, R. A. y F. I. Ordway III. *La inteligencia en el universo*. UNAM, México, 1970.
6. Oparin, A. I. *El origen de la vida*. Varias Editoriales, 1938.
7. Oparin, A. I. *Origen de la vida sobre la Tierra*. Ed. Tecnos, Madrid, 1970.
8. Orgel, L. E. *Los orígenes de la vida: moléculas y selección natural*. Alianza Editorial, Madrid, 1975.
9. Oró, J. *El origen de la vida*. Salvat Editores, Barcelona, 1973.
10. Rutten, M. G. *Aspectos geológicos del origen de la vida sobre la Tierra*. Edit. Alhambra, Madrid, 1968.
11. Varios. *¿Estamos solos en el cosmos?* Plaza & Janes, Edit. Barcelona, 1973.
12. Varsavsky, C. *Vida en el universo*. Centro Editorial de América Latina, Buenos Aires, 1971.

2. TEXTOS ELEMENTALES E INTERMEDIOS EN INGLÉS

1. Avers, Ch. J. *Evolution*. Harper and Row, Publ., Nueva York, 1974
2. Bracewell, R. N. *The Galactic Club: Intelligent Life in outer Space*. Freeman Co., San Francisco, 1975.
3. Brooks, J., y G. Shaw. *Origin and Development of Living Systems*. Academic Press, Londres, 1973.
4. Grobstein, C. *The Strategy of Life*. Freeman Co., San Francisco, 1974.
5. Jastrow, R. *Red Giants and White Dwarfs. Man's descent from the stars*. Harper and Row Publ. Nueva York, 1971.
6. Miller, S. L. and L. E. Orgel. *The Origins of Life on the Earth*. Prentice-Hall, Inc. Englewood Cliffs, 1974.
7. Oparin, A. I. *Origin of Life*. Dover, Nueva York, 1974.
8. —*The Chemical Origin of Life*. Charles I. Thomas, Springfield, 1964.
9. Ponnamperuma, C. *The Origins of Life*, E. P. Dutton & Co., The Netherlands, 1972.
10. Ponnamperuma, C. and A. G. W. Cameron *Interstellar Communication: Scientific Perspectives*. Houghton-Mifflin Co., Boston, 1974.
11. Shklovskii, I. S. and C. Sagan. *Intelligent Life in the Universe*. Dell Publ. Co., Nueva York, 1974.

3. TEXTOS AVANZADOS

1. Calvin, M. *Chemical Evolution*. Oxford University Press, Oxford, 1969.
2. Dose, K., S. W. Fox, G. A. Deborin, and T. E. Pavlovskaya. Eds. *The Origin of Life and Evolutionary Biochemistry*. Plenum Press, Nueva York, 1975.

3. Fox, S.W. (ed.) *The Origin of Prebiological Systems and of their Molecular Matrices*. Academic Press, Nueva York, 1965.
4. Kenyon, D. H. y G. Steinman. *Biochemical Predestination*. Mc Graw-Hill, Nueva York, 1969.
5. Kvenvolden, K. A. (ed.) *Geochemistry and the Origin of Life*. Dowden, Hutchinson and Ross, Inc. Stroudbourg, Penn., 1974.
6. Margulis, L. *Origin of Eukaryotic Cells.* Yale University Press, San Francisco, 1970.
7. Ponnamperuma, C. (ed.) *Exobiology*. North Holland Publishing Co., Amsterdan, 1972.
8. Price, Ch. C. (ed.) *Synthesis of Life*. Dowden, Hutchinson and Ross, Inc. Stroudbourg, Penn., 1974.
9. Rohlfing, D. L. y Oparin, A. I. (eds.) *Molecular Evolution: Prebiological and Biological*. Plenum Press, Nueva York, 1971.
10. Schwartz, A. W. (ed.) *Theory and Experiment in Exobiology*. Tomos I y II. Wolters Noordhoff Publ. Groningen, The Netherlands, 1971.

La publicación de esta obra la realizó
Editorial Trillas, S. A. de C. V.

División Administrativa, Av. Río Churubusco 385,
Col. Gral. Pedro María Anaya, C. P. 03340, México, D. F.
Tel. 56884233, FAX 56041364

División Comercial, Calzada de la Viga 1132, C. P. 09439
México, D. F. Tel. 56330995, FAX 56330870

Se imprimió en
Litográfica Ingramex, S. A. de C. V.
KROB 105 EW